Stefan Hesse

Vorrichtungen zur Herstellung
von Gußstücken und Spritzgußteilen

Vorrichtungen zur Herstellung von Gußstücken und Spritzgußteilen
Praxisbeispiele für Planer, Konstrukteure und Betriebsingenieure

Dr.-Ing. habil. Stefan Hesse

Ing. Karl-Heinz Nörthemann
Ing. Heinrich Krahn
Peter Strzys

Mit 253 Bildern

Die Deutsche Bibliothek – CIP-Einheitsaufnahme

**Vorrichtungen zur Herstellung von Gußstücken
und Spritzgußteilen** : Praxisbeispiele für Planer,
Konstrukteure und Betriebsingenieure / Stefan Hesse ... – Renningen-Malmsheim : expert-Verl., 1998
ISBN 3-8169-1482-9

ISBN 3-8169-1482-9

Bei der Erstellung des Buches wurde mit großer Sorgfalt vorgegangen; trotzdem können Fehler nicht vollständig ausgeschlossen werden. Verlag und Autoren können für fehlerhafte Angaben und deren Folgen weder eine juristische Verantwortung noch irgendeine Haftung übernehmen.
Für Verbesserungsvorschläge und Hinweise auf Fehler sind Verlag und Autoren dankbar.

© 1998 by expert verlag, 71272 Renningen-Malmsheim
Alle Rechte vorbehalten
Printed in Germany

Das Werk einschließlich aller seiner Teile ist urheberrechtlich geschützt. Jede Verwertung außerhalb der engen Grenzen des Urheberrechtsgesetzes ist ohne Zustimmung des Verlags unzulässig und strafbar. Dies gilt insbesondere für Vervielfältigungen, Übersetzungen, Mikroverfilmungen und die Einspeicherung und Verarbeitung in elektronischen Systemen.

Vorwort

Die Herstellung von Teilen aus flüssigem Metall oder Kunststoff hat stark zugenommen. Die Verfahren sind hoch entwickelt und ermöglichen heute recht komplizierte Formen mit dünnen Wänden, hoher Genauigkeit und fast fertigem Outfit in einem Zug herzustellen. Der Geburtsort solcher Teile sind Gießformen, Kokillen, Druckguß- und Spritzgußformen. Dazu kommen noch weitere Vorrichtungen zum Schmelzen, Warmhalten, Metallaustragen und Plastifizieren von Kunststoffen, Handhabungseinrichtungen sowie Arbeitsmittel zum Putzen und Entgraten. Um solche Vorrichtungen und ihre konstruktive Ausführung geht es in diesem Buch.

Es wendet sich vor allem an Techniker, Entwickler und Konstrukteure, die darauf nicht spezialisiert sind, sich aber gelegentlich mit der ganzen Bandbreite beschäftigen müssen. Dazu haben die Autoren viele Beispiele zusammengetragen, die die Spezifik insbesondere der Herstellung von Druckgußteilen und Spritzgußteilen aus Kunststoff zeigen sollen. So manches ist hier Erfahrung und erfordert technisches Fingerspitzengefühl. Viele der dargestellten Lösungen sind von den Autoren erarbeitet und erprobt worden. So manche Lösung stammt aus der Konstruktionsmappe von Herrn Ingenieur Nörthemann, der in einem arbeitsreichen Berufsleben wohl alle Seiten der mechanischen Konstruktion erfolgreich "beackert" hat. Dank gilt auch dem Konstruktionsbüro Heinzerling für Details und Lösungen zu Kunststoffspritzformen. Da ein Bild mehr als tausend Worte aussagt, dominiert in diesem Buch die zeichnerische Darstellung. Nicht immer zeigen sich aber die Feinheiten auf den ersten Blick. Es bedarf hier und da schon der Auseinandersetzung mit der konstruktiven Lösung, ehe sich der gewünschte Aha-Effekt einstellt.

Das Buch ist eine kommentierte Beispielsammlung, die mit ihren Lösungsvorschlägen Anregungen für die eigene Arbeit mit ähnlichen Produkten und Arbeitsmitteln geben will. Letzlich geht es um die Rationalisierung der Produktion, aber auch der Konstruktionsarbeit. Möge dieses Buch viele Freunde finden.

Plauen, im November 1997
Stefan Hesse
Karl-Heinz Nörthemann
Heinrich Krahn
Peter Strzys

Inhaltsverzeichnis

Vorwort

1 Arbeitsmittel der Urformtechnik   1

2 Gießen von Serienteilen   3

    2.1 Gießverfahren   3
    2.2 Gießgerechtes Gestalten   8
    2.3 Gestaltung von Druckgußteilen aus Aluminium und Magnesium   17
    2.4 Kokillen und Preßformen   26
    2.5 Kernherstellung   36

3 Vorrichtungen für das Druckgießen   41

    3.1 Maschine und Verfahren   41
    3.2 Schmelz- und Warmhalteeinrichtungen   63
    3.3 Austragen von Metall   66
    3.4 Druckgießformen   91
    3.5 Gußstückentfernung   104

4 Spritzgießen von Kunststoffen   108

    4.1 Maschine und Verfahren   108
    4.2 Angußarten und Verteiler   120
        4.2.1 Übersicht und angußlose Werkzeuge   120
        4.2.2 Punktanguß   129
        4.2.3 Tunnelanschnitt   133

4.2.4 Rechteck-, Scheiben- und Schirmanguß	135
4.2.5 Stangenanguß	137
4.2.6 Filmanschnitt	138
4.2.7 Düsengestaltung bei Heißkanalwerkzeugen	139
4.2.8 Verteiler	145
4.3 Spritzgießwerkzeuge	149
4.4 Auswerfer, Abstreifer, Abdrücker	168
4.5 Temperaturführung	182

5 Entnahme-, Zuführ- und Einlegevorrichtungen   191

5.1 Allgemeine Anforderungen	191
5.2 Ausführungsbeispiele	191

6 Putzen und Entgraten   210

6.1 Manuelle Bearbeitung	210
6.2 Maschinelle Bearbeitung	213

Literatur und Quellen   218

Anlage A: Checkliste für Formenbauer   219

Anlage B: Richtlinien und Normen   223

Sachwörterverzeichnis   224

1 Arbeitsmittel in der Urformtechnik

Es geht in diesem Buch um das Urformen durch Gießen. Man kann Metalle gießen und Kunststoffteile durch Spritzgießen herstellen. Mit Urformen bezeichnet man alle Verfahren, die vom ungeformten Rohstoff in einem Schritt zum Fertigteil führen. Die wirtschaftliche Bedeutung des Urformens ist deshalb sehr groß, wobei in neuerer Zeit die Substitution ehemals metallener Teile durch "maßgeschneiderte" Kunststoffe immer mehr zunimmt. Viele Verfahren sind heute so verfeinert und ausgereift, daß man hochwertige Teile oft tatsächlich ohne jede Nacharbeit fertigen kann.

In allen Fällen sind aber auch passende Arbeitsmittel erforderlich. Dazu zählen die Arbeitsmaschinen, Werkzeuge, Handhabungstechnik und Hilfsmittel. Dieses Buch behandelt Vorrichtungen und dazu zählen wir:

→ Kokillen und Preßformen für Metalle,

→ Druckgießformen,

→ Vorrichtungen zum Schmelzen und Austragen von Metall,

→ Spritzgießwerkzeuge,

→ Entnahme- und Zuführtechnik sowie

→ Vorrichtungen und Werkzeuge zum Entgraten und Putzen.

Im Mittelpunkt steht die mechanisch-konstruktive Seite und nicht das Verfahren an sich. Bei der Vielzahl der Probleme und Details kann nur ein kleiner Teil ausgebreitet werden. Auch wenn sich Metall und Kunststoff deutlich unterscheiden, gibt es doch auch viele Gemeinsamkeiten bei der Gestaltung von Vorrichtungen.

In der heutigen Zeit geht es nicht nur um die Verfeinerung der Verfahren, sondern auch um die schrittweise Automatisierung. Das ist besonders beim Urformen nicht nur ein Beitrag zur Senkung der Personalkosten und zur Abschaffung von mit Arbeitserschwernissen belasteten Arbeitsplätzen, sondern auch zur Erhöhung der Qualität. Die Gleichmäßigkeit der Prozeßabläufe ist nur durch selbsttätige Abläufe dauerhaft sicherzustellen. Dazu werden ständig Rückmeldungen vom Prozeß gebraucht und auch Arbeitsmittel, die für die Automatisierung vorbereitet bzw. ausgerüstet sind und auf diese Rückinformationen reagieren können.

Interessanterweise hat die Druckgießindustrie dem Industrieroboter den Weg geebnet. Die erste Installation eines Roboters vom Typ UNIMATE erfolgte 1961 in den USA. Er hat es in einer durch Schmutz und Hitze belasteten Umgebung leichter als der Mensch. Er entnimmt die Teile, kühlt sie ab und legt sie in die Abgratpresse ein. In der Regel sprüht der Roboter auch die Form mit Trennmittel aus. Greifer und Sprühkopf bilden dann eine Effektoreinheit. Der Zeitablauf gestattet in der Regel die Zweimaschinenbedienung, wie es im Bild 1.1 gezeigt wird. Erleichtert wird jegliches Handhaben dadurch, daß die genaue Position der Werkstücke bekannt ist, denn sie entstehen ja erst in der Form. Eine Verkettung zur Fertigungszelle erfordert eine übergeordnete Steuerung, die alle Quittungssignale aufnimmt, wie z.B. "Auswerfer vollständig ausgeschoben," damit ein harmonischer Arbeitszyklus entsteht. Auch alternative Abläufe sind für den Fall einer Störung an einer Maschine vorzubereiten.

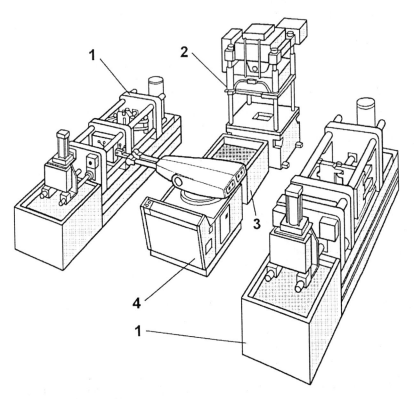

Bild 1.1: Fertigungszelle, in der ein Industrieroboter zwei Druckgießmaschinen entläd und eine Entgratepresse beschickt [1]

2 Gießen von Serienteilen

2.1 Gießverfahren

Gußstücke kann man mit verschiedenen Form- und Gießverfahren herstellen. Entscheidend für eine Auswahl des Herstellverfahrens sind:

→ Kompliziertheit des Gußstücks,
→ Maßtoleranzen, d.h. Genauigkeitsforderungen,
→ Stückmasse,
→ Losgröße und Jahresmenge sowie
→ Werkstoff des Gußstücks.

Eine weitere wichtige Unterscheidung ist, ob man mit verlorenen Formen arbeitet oder mit Dauerformen. Die Verfahren lassen sich folgendermaßen zuordnen:

Verlorene Formen
Dauermodelle (Hand-, Maschinenformen, Masken-, Keramikformen),
Verlorene Modelle (Feingießen, Vollformgießen).
Dauerformen
Kokillen (Druck-, Kokillen-, Schleuder-, Strang-, Verbundgießen).

Zu Sandguß lassen sich fast alle Legierungen verarbeiten, wie z.B. Gußeisen, Stahlguß, Rotguß sowie Legierungen von Aluminium, Magnesium und Zink. Dem

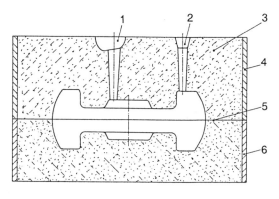

Bild 2.1: Sandgießform
1 Gießtrichter, 2 Steiger, 3 Formsand, 4 Oberkasten, 5 Formteilung, 6 Unterkasten

gewünschten Gußstück entsprechende Modelle werden in Sand abgebildet. Das Prinzip einer Sandgußform zeigt Bild 2.1. Das Modell ist eingestampft. Der Handformguß wird für die Einzelfertigung mit Hilfe von Modellen, Kernkästen sowie Dreh- und Ziehschablonen angewendet.

Für die Serienfertigung mit Hilfe von Modellen und Kernkästen aus metallischen Werkstoffen sowie Rahmen mit Griffen für die Hand, setzt man auf den Maschinenformguß. Unterschneidungen und tiefere Aussparungen im Innern der Gußstücke werden durch eingelegte Sandkerne wiedergegeben.

Kerne werden aus Formsand mit Zugabe von Bindemitteln hergestellt und bei etwa 200°C gebrannt, ("gebacken") damit sie die nötige Festigkeit und Gasdurchlässigkeit erhalten. Sie müssen sich außerdem leicht aus dem fertigen Gußstück entfernen lassen. Das Gießen mit verlorenem Innenkern wird in Bild 2.2 gezeigt.

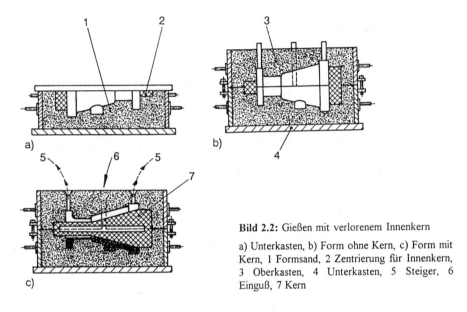

Bild 2.2: Gießen mit verlorenem Innenkern
a) Unterkasten, b) Form ohne Kern, c) Form mit Kern, 1 Formsand, 2 Zentrierung für Innenkern, 3 Oberkasten, 4 Unterkasten, 5 Steiger, 6 Einguß, 7 Kern

Beim Maskenformguß nach CRONING arbeitet man mit Formen aus kunstharzgebundenem Sand. Die etwa 3 bis 5 mm dicke ausgehärtete Formmaske kann nur einmal verwendet werden. Auch Hohlkerne lassen sich nach diesem Verfahren herstellen. Der Vorteil gegenüber dem Sandguß besteht in der größeren Genauigkeit.

Beim Feingießverfahren mit verlorenen Modellen wird ein Wachsmodell in mehreren Schritten in keramischen Schlicker getaucht und besandet, bis sich eine feste Schale gebildet hat. Dann wird das Wachs ausgeschmolzen und die Form gebrannt. In die Hohlform gießt man dann flüssiges Metall ein. Es werden Stückmassen zwischen 2 g bis 9 kg erreicht. Kleine Teile werden zu Modelltrauben bzw.-bäumen in Wachs zusammengesetzt. Im Vergleich zu einen Schmiedeteil (Bild 2.3a; 255 Gramm) ist das Feingußteil im Beispiel mit nur 112 Gramm bedeutend leichter. Es erfordert auch weniger Aufwand bei der zerspanenden Fertigbearbeitung.

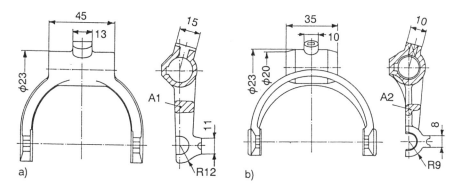

Bild 2.3: Ausrückbrücke für ein Fahrzeuggetriebe (Arbeitsbeispiel)
a) Ausführung als Schmiedeteil, b) Ausführung als Feingußstück, A Querschnitt

Der Kokillenguß beschränkt sich in der Hauptsache auf Fertiggußstücke aus Nichteisenmetallen, besonders auf Legierungen von Aluminium, Magnesium und Zink. Im Gegensatz zum Sandguß fertigt man nicht die Form für jedes einzelne Gußteil neu an, sondern man verwendet Dauerformen, die auch als Kokillen bezeichnet werden. Durch die rasche Abkühlung in den Kokillen fallen Festigkeit und Härte etwa 20 Prozent höher aus als bei Sandguß gleicher Legierung. Die Kerne bestehen aus Stahl, die Kokillen aus Gußeisen. Kokillenwand und Kerne werden mit einer Schlichte bestrichen, damit die Gußteile gut auslaufen und nach dem Erstarren nicht an der Formwand festhaften. Die zweckmäßigste Kokillentemperatur beträgt bei Leichtmetallen etwa 300°C. Je nach Situation sind Maßnahmen zur Temperaturführung erforderlich. In Bild 2.4 wird das Gießen mit Kokillen gezeigt.

Beim Vollformguß arbeitet man mit einmalig verwendbaren Kunststoff-Schaummodellen. Sie verbleiben in der Form und vergasen bzw. verbrennen beim Eingießen des flüssigen Metalls.

Der Schleuderguß ist für die Herstellung von Teilen mit zylindrischer Innenfläche günstig. Die Metallschmelze fließt in sich drehende Formen aus Kupfer, Stahl oder Gußeisen. Die Formen können senkrecht oder waagerecht stehen (Bild 2.5).

Das Metall erstarrt unter der Wirkung der Gewichts- und Zentrifugalkraft. Die Gußstücke erreichen eine höhere Dichtheit, sind fest, feinkörnig, zäh, verschleißfest und gleichmäßig.

Während z.B. beim Kokillenguß das Metall lediglich durch seine Eigenmasse in die Form läuft, ist das beim Druckguß anders. Hier wird die Dauerform unter Druck mit

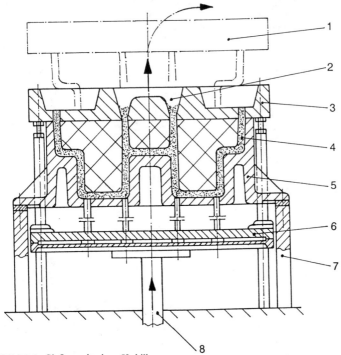

Bild 2.4: Gießen mit einer Kokille
1 Oberteil, klappt nach Entformung zur Seite, 2 Einguß und Steiger, 3 Oberteil, 4 Gußteil, 5 Kokillenunterteil, 6 Auswerferplatte, 7 Kasten, 8 Zentralauswerfer

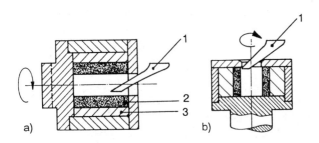

Bild 2.5: Schleuderguß
a) horizontale Maschine, b) vertikale Maschine, 1 Metallschmelzeeinlauf, Gießhorn, 2 Gußteil, 3 Form

Metall gefüllt. Die Gußstücke sind genau und von hoher Oberflächengüte. Für Massenteile werden Stücke aus Zn-, Al-, Mg-, Cu- und Pb-Legierungen gegossen. Man unterscheidet zwischen Gießen auf Warm- und Kaltkammermaschinen. Beim Warmkammerverfahren ist der Ofen zum Warmhalten der Schmelze mit darin enthaltener Pumpe Bestandteil der Druckgießmaschine. Man arbeitet mit Drücken von 25 bis 300 bar. Bei Kaltkammermaschinen wird die Druckkammer nicht beheizt. Die Schmelze wird zwar auch hier durch einen Kolben in die Gießform gedrückt. Doch ist nicht nur die Berührungszeit kurz, sondern das Metall wird auch bei hohen Drücken von etwa 100 bis 1000 bar bei geringer Temperatur verarbeitet. Das Funktionsprinzip zeigt Bild 2.6. Die Druckgießmaschine und der Warmhalteofen mit dem Schöpftiegel als Dosiergefäß sind stets voneinander getrennt.

Nur wenige Zink- und Magnesiumlegierungen können außer Zinn- und Bleiwerkstoffen nach dem Warmkammerverfahren vergossen werden. Nach dem Kaltkammerverfahren werden hauptsächlich Aluminium- und Magnesiumlegierungen vergossen.

Druckgießformen erreichen eine Lebensdauer von etwa 50 000 Abgüssen. Bei einer Vergütung der Oberflächen durch Feinschleifen, Läppen, Hartverchromen und Nitrieren läßt sich die Nutzungsdauer noch verbessern.

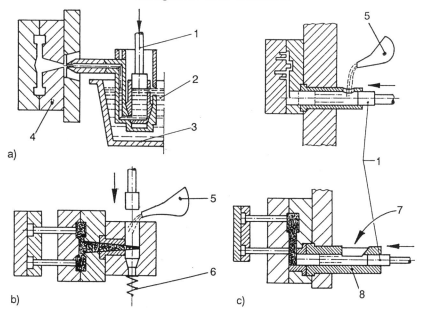

Bild 2.6: Druckgießverfahren

a) Warmkammermaschine, b) Kaltkammermaschine mit vertikalem Druckkolben, c) Kaltkammermaschine mit horizontalem Druckkolben, 1 Druckkolben, Spritzkolben, 2 Metallschmelze, 3 Schmelztiegel, 4 Druckgießform, 5 Metallaustragssystem, 6 Preßkuchen (Gießrest), wird von unten entfernt, 7 Metalleingabe, 8 Füllbüchse

2.2 Gießgerechtes Gestalten

Gießgerechtes Gestalten bedeutet, Gußstücke konstruktiv so auszulegen, daß die Schmelze den Hohlraum der Form bzw. der Dauerform vollständig und ohne Fremdbestandteile (Formstoffpartikel, Schmierstoffe, Luft, Gase, Schlacke) ausfüllt. Deshalb soll in diesem Abschnitt auf die wichtigsten Gestaltungsregeln hingewiesen werden. Tatsächlich sind natürlich weitere fertigungstechnische Gestaltungsbereiche zu berücksichtigen (Bild 2.7).

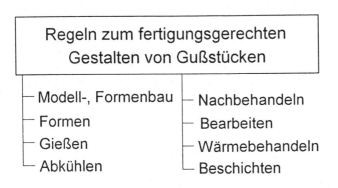

Bild 2.7: Problemfelder beim konstruktiven Gestalten von Gußstücken

Einer genaueren Betrachtung müssen Wanddicken, Einfallstellen, Lunkergefahr, Rippen, Radien, Bohrungen, Übergänge und Kanten sowie Formschrägen zur Entformung bzw. Aushebeschrägen unterzogen werden.

Ein einfaches Hilfsmittel zur Kontrolle von Materialanhäufungen (Lunkergefahr) ist die Heuverssche Kreismethode. Bei einer gießgerechten Konstruktion soll das Verhältnis der einbeschriebenen Kreisquerschnitte in der Nähe von 1 liegen [2].

Bei Gußstücken mit großer Erstarrungskontraktion muß dichtes Speisen gewährleistet sein. Dann sollen die Heuversschen Kontrollkreise zum Speiser hin größer werden, wie das in Bild 2.8 zu sehen ist. Sie dienen im Beispiel dazu, die erforderliche Bearbeitungszugabe für das Stahlgußstück zu bestimmen.

Gußstückquerschnitte sind dann zufriedenstellend festgelegt, wenn man die Kontrollkreise nach Heuvers ungehindert zum Speiser "herausrollen" kann.

Bei der Gußgestaltung ist die gesamte spätere Bearbeitung zu beachten. Aufgesetzte Naben als Anlagefläche für Schrauben, Muttern usw. kosten Geld. Es ist billiger, wenn man leichte Ansenkungen vorsieht, wie es Bild 2.9 zeigt. Versatz tritt dabei nicht in Erscheinung.

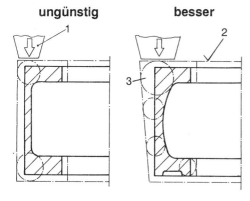

Bild 2.8: Anwendung der Heuversschen Kontrollkreise
1 Speiser, 2 erforderliches Übermaß, 3 Kontrollkreis

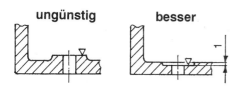

Bild 2.9: Aufgesetzte Augen lassen sich zwar gut bearbeiten, manchmal geht es aber auch ohne Auge und das ist billiger.

Bei Großgußteilen mit geschlossenen Böden (Bild 2.10/6) sind zur Abstützung der Kerne Löcher im Boden vorzusehen, die später bei der Bearbeitung durch Deckel verschlossen werden. Gegebenenfalls sind auch Kernputzlöcher vorzusehen.

Bei langen Gußkörpern, z.B. bei Wannen, ist bei der Bemessung der Wanddicken der Stirnseiten auf das sich stark auswirkende Schwindmaß Rücksicht zu nehmen. Es sind die größtzulässigen Toleranzen anzugeben.

Es ist einprägsamer, wenn man die wichtigsten Gestaltungsregeln in einer "Ungünstig-Besser-Darstellung" vorlegt. Das geschieht in den folgenden Bildern [2 bis 4]:

→ Anschlüsse von Wänden und Rippen (Bild 2.11),
→ Hinterschneidungen (Bild 2.12),
→ Biege- und Zugbeanspruchungen (Bild 2.13),
→ Bearbeitungsflächen (Bild 2.14),
→ Einformschrägen (Bild 2.15) und
→ Wanddicken (Bild 2.16).

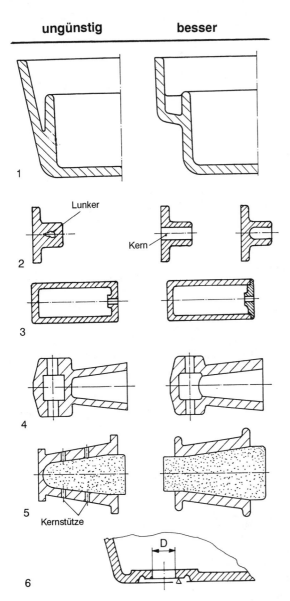

Bild 2.10: Die Verwendung von Kernen ist sorgfältig zu überlegen. So sind dünne Spitzen abbruchgefährdet (1). Zur Vermeidung von Lunkern ist es zweckmäßig, Naben und Flansche mit einem Kern zu versehen (2). Lange Hohlkörper bedingen schwierige Kerneinlagerung. Deshalb soll man große Öffnungen vorsehen (Vermeidung ungleicher Wanddicken 3). Durch Zusammenführen zweier Hohlräume und Vermeidung von Hinterschneidungen kommt man beim rechten Teil mit nur 1 Kern aus (4). Anstelle von Kernstützen (5) ist es besser, den Kern zweiseitig zu lagern und abzustützen. Bei Großgußteilen soll man im Boden Löcher für die Abstützung von Kernen vorsehen (6).

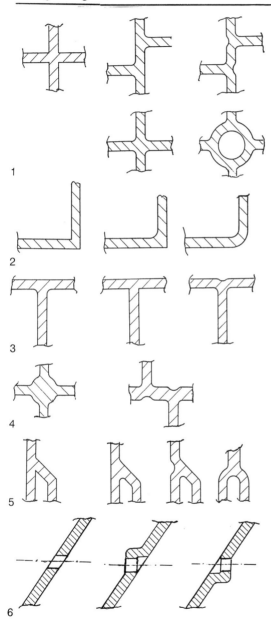

Bild 2.11: Anschlüsse von Wänden und Rippen sollen Rundungen aufweisen. Masseanhäufungen sind zu vermeiden (1 bis 5). Bei schrägverlaufenden Bohrungen soll man örtliche Augen oder Ansätze am Gußkörper vorsehen (6).

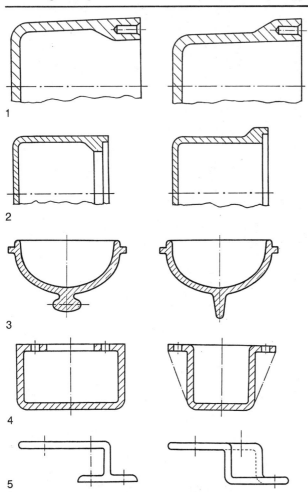

Bild 2.12: Hinterschneidungen sind zu vermeiden. Oft sind sie nur mit einem verlorenen Kern herstellbar (1 bis 3). Beim umgestalteten Kasten (4) sind die Dichtungsflächen besser ausgebildet. Die Rippen wird man nach Belastung anbringen. Geschickte Rippengestaltung ist auch im Beispiel 5 eine Verbesserung.

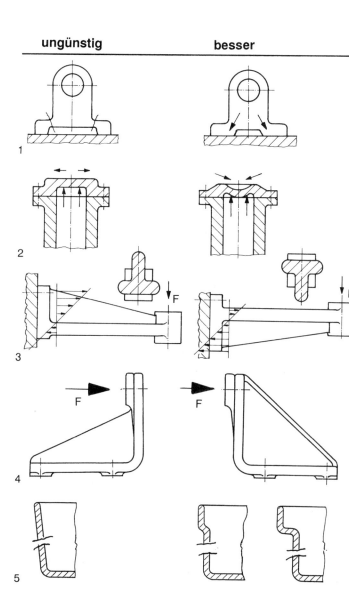

Bild 2.13: Gußteile sind beanspruchsgerecht zu gestalten, d.h. Biegung und Zug sind durch Druck zu ersetzen (1 bis 4). Lange Wandflächen lassen sich durch Absätze versteifen (5). Um ein Reißen bei der Abkühlung des Gußstücks zu verhindern, ist es günstig, wenn man Ränder und lange Rippen mit einer Wulst versieht (6). Allerdings wäre es noch besser, wenn die Wulst außen angelegt werden kann. F Kraft, Belastung

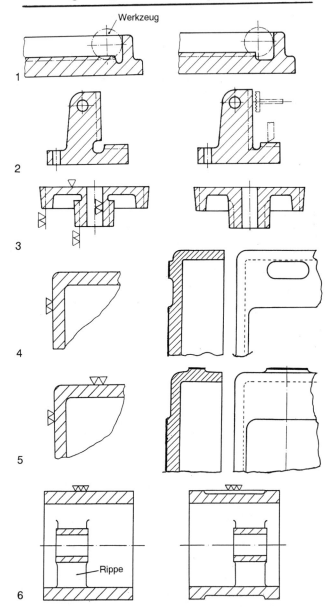

Bild 2.14: Nachträglich zu bearbeitende Flächen sind so zu gestalten, daß Werkzeuge ausreichenden Auslauf haben (1). Bearbeitungsleisten werden oft so gestaltet, daß ein Kern eingelegt werden muß. Oft kann man aber auch ins Volle bearbeiten, so daß ein Sonderkern entfällt (2). Der Bearbeitungsaufwand sinkt, wenn man dafür abgesetzte Flächen vorsieht (4 bis 6).

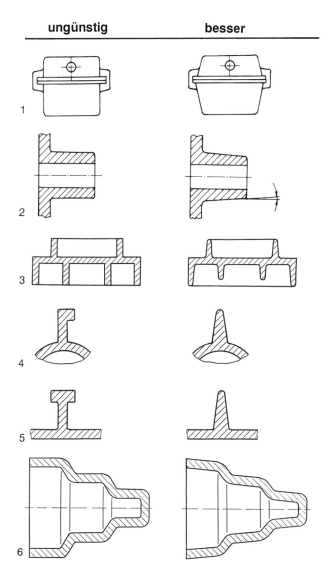

Bild 2.15: Geneigte Wände bei Gehäusen (1) und konische Naben (2) erleichtern das Einformen sowie das Abheben des Modells aus der Form. Das gilt auch für Rippen jeder Art (3 bis 5). Bei mehrstufigen Gebilden sind alle Teilzylinder abzuschrägen (6).

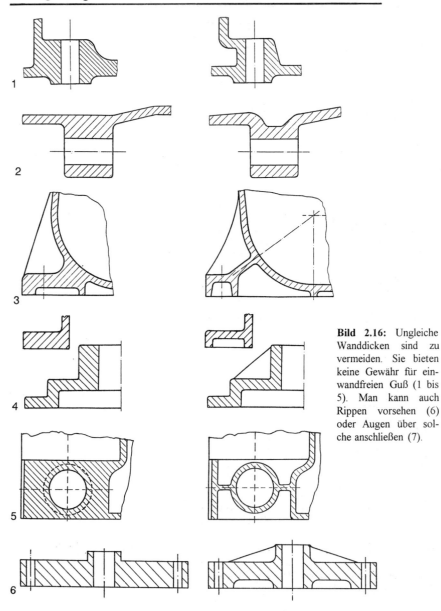

Bild 2.16: Ungleiche Wanddicken sind zu vermeiden. Sie bieten keine Gewähr für einwandfreien Guß (1 bis 5). Man kann auch Rippen vorsehen (6) oder Augen über solche anschließen (7).

2.3 Gestaltung von Druckgußteilen aus Aluminium und Magnesium

Druckgußteile werden als Massenteile gern im Kleingerätebau, der Feinmechanik und der Metallbranche allgemein verwendet. Man erreicht beachtliche Genauigkeit, so daß oft nur wenige Funktionsflächen nachbearbeitet werden müssen. Allerdings sind die Kosten für die Dauerformen hoch, so daß mindestens Stückzahlen von 500 bis 1000 Stück vorliegen müssen. Magnesium ist leicht, dicht, hat ein gutes Gefüge und Schwingungen sind durch Rippen beherrschbar. Es läßt sich mit hoher Schnittleistung

Werkstoff	SgPb 97 SgPb 87 SgPb 85 SgPb 59 SgPb 46	SgSn 78 SgSn 75 SgSn 70 SgSn 60 SgSn 50	GDZnAL 4 GDZnAl 4 Cu 1	GDAlSi 13 GDAlSi 7 GDAlMgSi GDAlMg 9 GDAlSiCu	DMg-Al 9I DMg-Al 9II
Norm	DIN 1741	DIN 1742	DIN 1743	DIN 1725	DIN 1729
Gießtemperatur des Grundmetalls in °C etwa	Blei 250	Zinn 300	Zink 400	Aluminium 650	Magnesium 650
erreichbare Genauigkeit für Abmessungen	bis 5 mm ± 0,005 mm	bis 10 mm ± 0,005 mm	bis 15 mm ± 0,02	bis 15 mm ± 0,03 mm	bis 13,5 mm ± 0,02
	über 5 mm ± 0,01 mm	über 10 mm ± 0,05 mm	über 15 mm ± 0,15	über 15 mm ± 0,2 mm	über 13,5 mm ± 0,15 mm
Mindestwanddicke in mm	0,75 bis 2	0,5 bis 2	0,6 bis 2	1 bis 3	1 bis 3
kleinster Lochdurchmesser	0,75 bis 1	0,5 bis 1	1	2,5	1,5 bis 2
größte Lochlänge in mm Grundloch (D)	3 x D	3 x D	4 x D	3 x D	3 x D
Durchgangsloch	bis 1,5 mm 7 x D	bis 1,5 mm 7 x D	8 x D	4 x D	4 x D
	über 1,5 mm 10 x D	über 1,5 mm 10 x D			
Kleinste Verjüngung der Kerne in % der Länge	0,1	0,1	0,3	0,8	0,5
Masse je Stück in Gramm	0,5 bis 1000	0,5 bis 500	0,5 bis 3500	0,5 bis 2500	0,5 bis 2000
größte Stücklänge in mm	300	350	600	600	600
größte Stücktiefe in mm	200	250	400	400	500
größte Stückhöhe in mm	200	250	300	300	300
Mindestradius für Übergänge und Rundungen	0,5 mm	0,5 mm	0,5 mm	1 mm	1 mm

Tabelle 2.1: Gießtechnische Daten für Druckgußteile

zerspanen, ist aber wegen der Brennbarkeit mit Stickstoff oder SO_2 zu begasen. Gefüge und Bearbeitbarkeit sind auch bei dem etwas schwereren Aluminium gut. In geschmolzenem Zustand reagiert es aggressiv gegenüber Stahlteilen. Für die Gestaltung trifft bezüglich Werkstoffanhäufung, Übergangsrundungen usw. das bereits für Grauguß Gesagte zu. Außengewinde < 12 mm bei Aluminium und < 8 mm bei Zinklegierungen sind unwirtschaftlich, also nicht mit zu gießen. Grobe Gewinde ab 20 mm Durchmesser können mit Abschraubpinole und Leitpatrone gegossen werden. Rundgewinde läßt sich gut gießen. Wichtige gießtechnische Daten sind in der Tabelle 2.1 aufgeführt.

Damit der Entformungsvorgang schnell und reibungslos ablaufen kann, sind Form- bzw. Aushebeschrägen am Gußstück vorzusehen. In der Tabelle 2.2 werden Aushebeschrägen empfohlen. Sie gelten für Druckgußteile, können aber auch für Kunststoff-Spritzgießformen verwendet werden. Kunststoffteile lösen ohnehin immer mehr die Metallteile ab. Die Anpassung des Objekts an diese Schrägen ist natürlich nur auf solche Konturen beschränkt, die das funktionell verkraften.

N in mm	A in mm	ß in °	N in mm	A in mm	ß in °	N in mm	A in mm	ß in °	N in mm	A in mm	ß in °
0,2	0,02	5	11	0,29	1,5	30	0,39	0,75	90	0,78	0,5
0,4	0,04	5	12	0,31	1,5	32	0,42	0,75	100	0,87	0,5
0,6	0,05	5	13	0,34	1,5	34	0,45	0,75	110	0,96	0,5
0,8	0,07	5	14	0,37	1,5	36	0,47	0,75	120	1,05	0,5
1,0	0,09	5	15	0,39	1,5	38	0,5	0,75	130	1,13	0,5
2	0,1	3	16	0,28	1	40	0,52	0,75	140	1,22	0,5
3	0,16	3	17	0,3	1	45	0,59	0,75	150	1,31	0,5
4	0,21	3	18	0,31	1	50	0,65	0,75	160	1,40	0,5
5	0,26	3	19	0,33	1				170	1,48	0,5
			20	0,35	1	55	0,48	0,5	180	1,57	0,5
6	0,21	2				60	0,52	0,5	190	1,66	0,5
7	0,24	2	22	0,29	0,75	65	0,57	0,5	200	1,74	0,5
8	0,28	2	24	0,31	0,75	70	0,61	0,5	220	1,90	0,5
9	0,31	2	26	0,34	0,75	75	0,65	0,5	240	2,09	0,5
10	0,35	2	28	0,37	0,75	80	0,7	0,5			

Tabelle 2.2: Aushebeschrägen ß als Funktion der Gußstückhöhe N; A Betrag der Schräge

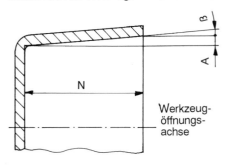

Die Bedeutung der Tabellenangabe ist aus Bild 2.17 ersichtlich. Typische Beispiele, wie man zwecks günstiger Entformung die Gußstückachse auf die Öffnungsachse der Spritzgieß- bzw. Druckgießmaschine legt, zeigt das Bild 2.18. Rippen sind möglich.

Bild 2.17: Definition der Aushebeschräge

Bei seitlichen Bohrungen, Durchbrüchen und Rippen müssen Kernzüge vorgesehen werden. Solche Teile sind in Bild 2.19 zu sehen.
Ansätze, Schriftzeichen u.ä. soll man in die Entformungsebene legen, weil sonst Schieber zum Entformen eingesetzt werden müssen (Bild 2.20). Auch ist es besser, Stege und Rippen auszubilden, statt voller Formen. Bei Eingießteilen sind ebenfalls Stege und Rundungen besser.

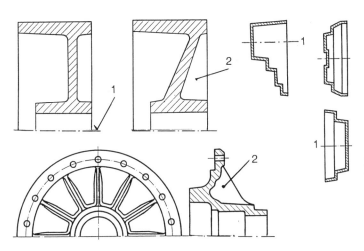

Bild 2.18: Entformungsschrägen an Druckgußteilen und Entformung auf der Öffnungsachse

1 Öffnungsachse, 2 Rippe

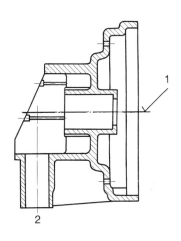
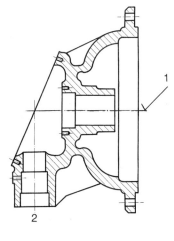

Bild 2.19: Druckgußfreundliche Gestaltung von Teilen mit seitlichem Kernzug für Rippe und Bohrung bzw. Stufenbohrung

1 Öffnungsachse, 2 Kernzugachse

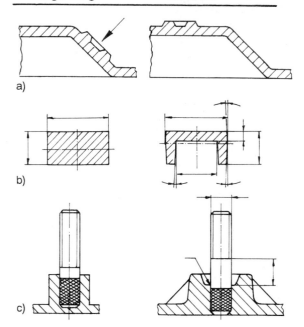

Bild 2.20: Gestaltungsbeispiele für Teile aus einem Guß

a) Eine zweite Entformungsrichtung läßt sich vermeiden. b) Stege und Schrägen sind besser als Vollformen. c) Augen für Eingußteile richtig gestalten

Bei Eingießteilen sind folgende Anforderungen zu erfüllen:
- Sicherung der Einlagen gegen Herausziehen,
- Sicherung der Einlagen gegen Verdrehen und
- Sicherung der Einlagen gegen Verdrehen und Herausziehen.

Brauchbare Lösungen werden in Bild 2.21 dargestellt.

Druckgußteile unterliegen beim Erstarren der Schwindung und Schrumpfen dabei in der Form auf. Durch entsprechendes Einformen wird bevorzugtes Aufschrumpfen in der beweglichen Formhälfte erreicht. Damit erreicht man, daß beim Öffnen der Form das Gußteil mit dem Anguß aus der feststehenden Formhälfte abreißt und in der beweglichen Formhälfte verbleibt. Auswerfer stoßen dann das Gußstück aus der beweglichen Formhälfte aus.

Hinterschnittene Werkstücke soll man möglichst vermeiden, weil dann die Entformungstechniken aufwendiger werden. Beispiele für die dann erforderlichen Kernschieber werden in Bild 2.22 gezeigt.

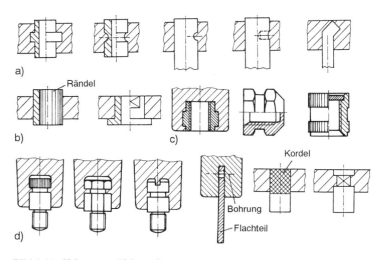

Bild 2.21: Sichern von Einlegeteilen
a) Sichern gegen Herausziehen, b) Sichern gegen Verdrehen, c) typische Einlageteile mit Innengewinde, d) Sichern gegen Herausziehen und Verdrehen

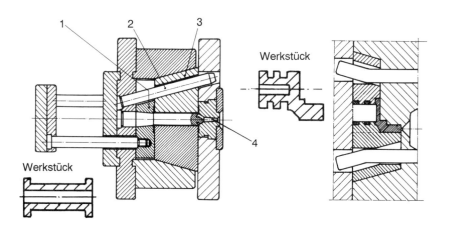

Bild 2.22: Hinterschnittene Teile erfordern Kernschieber
1 Kern a, 2 Schrägbolzen, 3 Kern b, 4 Angießbuchse mit Schirm- oder Trichteranguß

Für Abschraubformen sind die in Bild 2.23 gezeigten Drehknöpfe, Schraubverschlüsse und -kappen typische Gußteile. Auch hier ist darauf zu achten, daß Hinterschnitte vermieden werden, weil sonst zusätzlich Kerne und Kernzüge vorgesehen werden müssen.

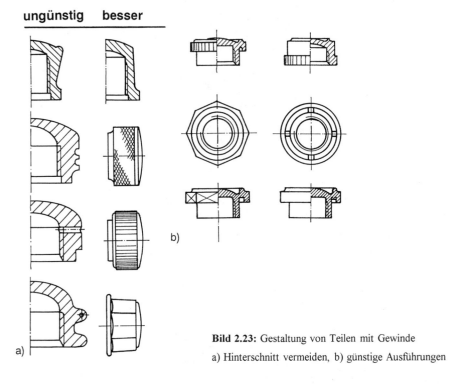

Bild 2.23: Gestaltung von Teilen mit Gewinde
a) Hinterschnitt vermeiden, b) günstige Ausführungen

Um ein Gußstück verzugsfrei aus der Form auswerfen zu können, werden zunächst die in der Toleranz liegenden Abweichungen für Aushebeschrägen ausgenutzt. Je größer die Aushebeschräge, desto problemloser der Auswerfvorgang. Es müssen aber auch günstige Ansätze am Gußteil vorhanden sein, an denen die Auswerfer angreifen. Verständlicherweise bevorzugt man Auswerfer mit möglichst großem Durchmesser. Jeder Auswerferansatz ist durch eine Markierung, die bis zum Grat entarten kann, sichtbar. Gegebenenfalls sind Flächen, auf denen derartige Markierungen unerwünscht sind, zu kennzeichnen. Da ein manuelles oder maschinelles Nacharbeiten derartiger Markierungen vermieden werden sollte, versucht man für die Auswerferstifte einen verdeckten Ansatz zu finden. Beispiele sind in Bild 2.24 dargestellt.

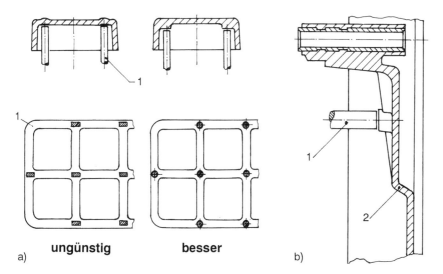

a) ungünstig   besser   b)

Bild 2.24: Auswerfer-Ansatzpunkte

a) Ansatzpunkte verstärken; runde Auswerfer sind billiger, b) Beispiel für die verdeckte Anordnung eines Ansatzpunktes, 1 Auswerfer, 2 Druckgußteil

Profil- und Formauswerfer sollten vermieden werden, weil sie teuerer sind. Zur Anordnung der Auswerfer enthält das Bild 2.25 nochmals zwei Beispiele.

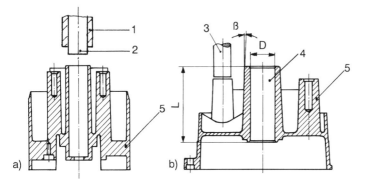

Bild 2.25: Anordnung von Auswerfern

a) Hülsenauswerfer greift zentral an, b) mehrere Auswerfer am Umfang angeordnet, 1 Hülsenauswerfer, 2 Pinole, 3 Auswerfer, 4 fast zylindrische Bohrung, 5 Druckgußteil

Die Verrippung von Bauteilen hat die Aufgabe, örtliche Schwachstellen zu verstärken bzw. als tragendes Verbindungsglied zu wirken. Die versteifende Wirkung der Rippen ist allerdings nicht ohne weiteres theoretisch vorauszusagen, so daß man vielfach auf die Ergebnisse von Versuchen angewiesen ist. Verrippungen versteifen also dünnwandige Flächen, sparen Masse und verhindern Verzug bei Wärme und Bearbeitung. Es genügt oft eine Rippenhöhe von 3/4 der Wanddicke. Dabei wird eine ausreichende Versteifung erreicht, ohne daß sich auf der Außenseite der Wand die Rippe markiert. Rippen sollten zwischen ß = 0,5° bis 1° konisch sein. Das macht Bild 2.26 nochmals deutlich.

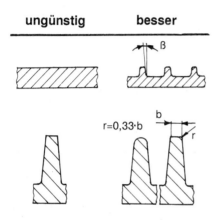

Bild 2.26: Rippengestaltung an Druckgußteilen

Wichtig sind außerdem allmähliche Übergänge, weil sie Wirbelungen beim Eingießen des Metalls in die Form mit vermeiden helfen und damit die Qualität des Gußstücks erhöhen. Scharfkantige Übergänge können im Gußstück Kerbwirkungen erzeugen und in der Form zu Kerbrissen führen. Es sind stets Hohlkehlen und Radien (R = 0,5 bis 3 mm) vorzusehen. Innenkanten sollten einen Radius von wenigstens 1,5 mm aufweisen. Beispiele für die Gestaltung von Druckgußteilen aus vorzugsweise Aluminium oder Magnesium sind in Bild 2.27 aufgeführt.

Druckgußteile, vorzugsweise aus Zinn, sind ebenfalls gießgerecht zu gestalten. Die vorgenannten Hinweise gelten im Prinzip aber auch für die Konstruktion von spritzgegossenen Kunststoffteilen.

Werden die Auswerfer richtig gesetzt, können auch fast zylindrische Bohrungen gegossen oder gespritzt werden. Richtwerte für die Neigung sind im Bild 2.28 enthalten. Je länger die Bohrung ist, desto kleiner kann die Neigung sein.

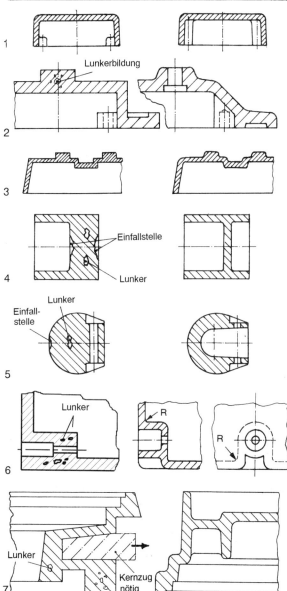

Bild 2.27: Gestaltungsbeispiele für Druckgußteile aus vorzugsweise Aluminium, Magnesium oder Feinzinn

1 Gestaltung von Gewindeaugen, 2 scharfe Kanten und Materialanhäufungen vermeiden, 3 Rundungen vorsehen, 4 und 5 Materialanhäufungen führen zu Lunkern und Einfallstellen, 6 Radien vorsehen und Lunker vermeiden, 7 Die Lunkerbildung wurde verhindert und gleichzeitig hat man Kerne vermieden.

D	ß	L1 max	L2 max	D	ß	L1 max	L2 max
1	2° (3,5%)	2,5	3	14	0,75° (1,3%)	45	58
1,5		4	5,5	15		48	64
2		5	7,5	16		51	68
2,5		7	9	17		55	72
3		9	11,5	18		59	76
4	1,5° (2,6%)	12	15	19	0,5° (0,87%)	62	81
5		15	20	20		66	86
6		18	24	21		69	90
7		21	28	22		72	94
8		24	32	23		76	99
9	1° (1,75%)	27	36	24		79	103
10		30	40	25		82	107
11		34	45				
12		38	50				
13		42	54				

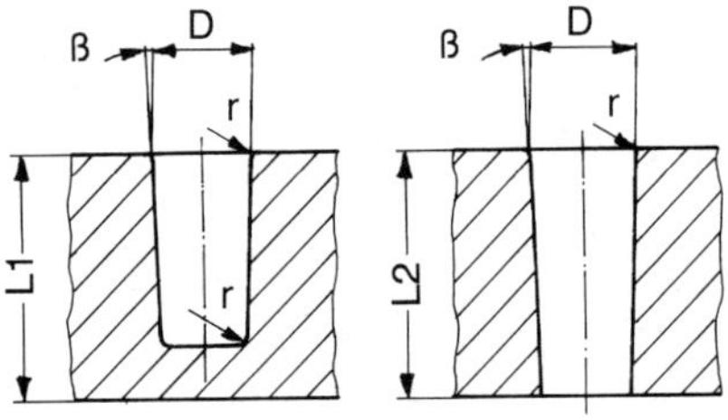

Bild 2.28: Richtwerte (in mm) für die Neigung von Bohrungen in Druckgußteilen

2.4 Kokillen und Preßformen

Kokillen sind metallische Dauerformen. Es ist möglich, Hohlräume und nicht formbare Flächen, sowie Hinterschneidungen durch Kernschieber abzubilden. Werkstoffe für Kokillen sind verschleißfeste, hitze- und zunderbeständige Stähle, niedrig- oder hochlegiertes Gußeisen sowie Kupfer- und Kupferlegierungen. Kokillen sind teuer und werden nur für Seriengußteile verwendet. Das Entformen erfordert zum Teil aufwendige Vorrichtungen. Die zweckmäßigste Kokillentemperatur beträgt bei Leichtmetallen etwa 300° C.

Das Bild 2.29 zeigt den Aufbau einer einfachen Handkokille zum Gießen von Kleinserienteilen. Für das Schmelzen und Warmhalten wird ein Gas-Luftgemisch-Brenner verwendet. Das Einfüllen der Schmelze geschieht mit einem Schöpflöffel durch ruhiges und gleichmäßiges Einfließen des Metalls in die Form. Die Kokille wird vor dem Füllen von Hand geschlossen. Beim Schließen zentriert sich die eine Formhälfte in der anderen Hälfte.

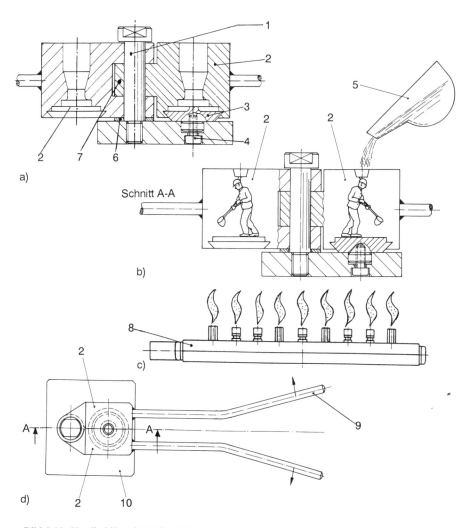

Bild 2.29: Handkokillen für kleine Teile
a) Kokille geöffnet, b) Gießen eines figürlichen Teils, c) Gasbrenner, d) Draufsicht der geschlossenen Handkokille, 1 Gelenkachse, 2 Formhälfte, 3 Zentrier- und Kernstück, 4 Befestigungsschraube, 5 Gießlöffel, 6 Scheibe, 7 Auge, 8 Gasbrenner, 9 Handgriff, 10 Grundplatte

Bei der Gestaltung von Kokillengußteilen sind ebenfalls Materialanhäufungen zu vermeiden (Bild 2.30a). Gegen den Verzug von Rändern und zur Verbesserung der

Biegesteifigkeit sollen Rippen (Bild 2.30b) und Augen für den Transport und die Aufspannung zur Bearbeitung (Bild 2.30c) gesetzt werden.

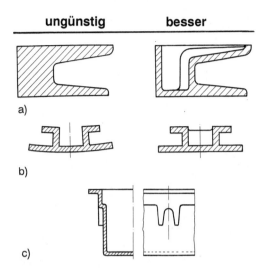

Bild 2.30: Gestaltung von Kokillenguß-Teilen

a) Materialanhäufungen vermeiden, b) Rippen zur Verbesserung der Biegesteife vorsehen, c) Transportaugen anbringen

Bei einfachen Kokillen und Preßformen wird die Bewegung der Kernschieber noch manuell ausgeführt. Dazu zeigen die Bilder 2.31 und 2.32 Beispiele. Die Kerne sind mit Schiebern verbunden, die durch mehr oder weniger aufwendige Hebelsysteme bewegt werden. Der Aufwand steigt generell mit der Anzahl der Formnester, die in der Kokille oder Preßform untergebracht sind. Nicht immer kann das Kernziehen mit einer geradlinigen Bewegung ausgeführt werden.

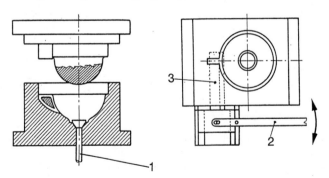

Bild 2.31: Preßform zur Herstellung einer Tasse (rechts Draufsicht)
1 Auswerfer, 2 Handhebel, 3 Kernschieber

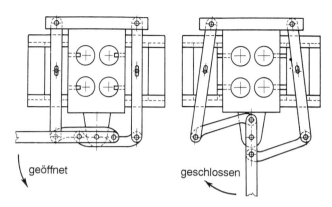

Bild 2.32: Mit einer Handhebelbewegung werden 4 Kerne entformt.

Oft sind Drehbewegungen formbedingt erforderlich. Ein Beispiel zeigt das Bild 2.33. Für die Herstellung eines Wasserhahns muß der Kern über Ritzel und Bogenzahnstange herausgeschwenkt werden. Bogenförmig wird auch der Kern beim Beispiel Bild 2.34 herausgeführt. Die Entformung ist hier mit dem Auswerfen des Gußstücks gekoppelt. Die Kerne klappen um den Gelenkpunkt nach außen. Bei komplizierten, hinterschnittenen Teilen sind entsprechend viele Entformungsrichtungen nötig. Das wird in Bild 2.35 gezeigt.

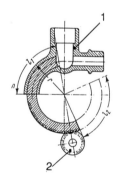
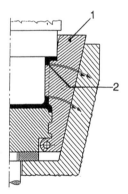

Bild 2.33: Wasserhahn als Gußstück mit Kern
1 Gußteil, 2 Ritzel zur Kernbetätigung

Bild 2.34: Kerne klappen beim Ausheben zur Seite
1 Klappkern, 2 Gußteil

Eine Preßform in Etagenbauweise wird in Bild 2.36 gezeigt [10]. Es werden je Preßvorgang gleichzeitig 2 Teller aus Kunststoffpulver gepreßt. Grund für die Dopplung ist der höhere Produktionsausstoß, denn die Pressen arbeiten relativ langsam, was auch den höheren Preßkräften geschuldet ist. Bei Anwendung eines Einfachwerkzeuges würde sich ein ungünstiges Aufwand-Nutzen-Verhältnis ergeben. Zwischen den Heizplatten sind die formenden Einsätze und Stempel untergebracht. Beim Öffnen der Presse heben sich gleichzeitig die Werkzeugetagen gleichmäßig an, weil der seitlich angebrachte Scherenmechanismus die Bewegungen mechanisch verkoppelt. Die gepreßten Teile werden zur Entformung freigegeben und können dann entnommen werden. Auch kompliziertere Teile, die Abdrück- und Abstreifeinrichtungen benötigen, sind auf diese Weise herstellbar.

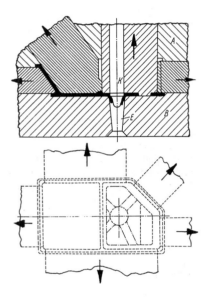

Bild 2.35: Formteil und die allgemeinen Entformungsrichtungen

Anstelle der Scherenmechanik kann man auch ein Zahnstange-Ritzelgetriebe einbauen. Das sieht man in Bild 2.37. Die Zahnstangen laufen in Geradführungen, manchmal werden auch Stützrollen als Gegenlager angeordnet. Das wurde in Bild 2.43 in Verbindung mit einer Umlenkung der Bewegungsrichtung gezeigt.

Der Zahnstangenzug ist in eingebautem Zustand in Bild 2.38 zu sehen. Das Ritzel wird übrigens nicht angetrieben, denn es dient nur zur Weiterleitung der Bewegung und Umkehrung des Richtungssinnes. Das Preßwerkzeug ist ebenfalls zweietagig ausgelegt. Das Prinzip der Etagenform läßt sich auch für Kunststoffspritzteile verwenden, wenn auf den Trennebenen eingespritzt wird. Dazu wären dann separate Spritzeinheiten für den seitlichen Anbau erforderlich.

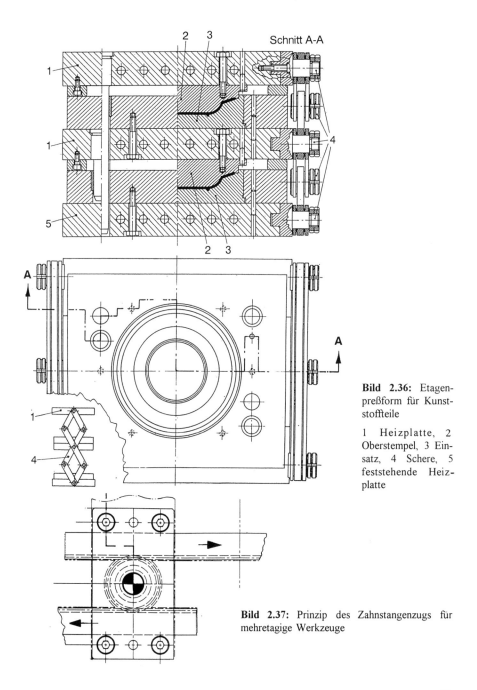

Bild 2.36: Etagenpreßform für Kunststoffteile

1 Heizplatte, 2 Oberstempel, 3 Einsatz, 4 Schere, 5 feststehende Heizplatte

Bild 2.37: Prinzip des Zahnstangenzugs für mehretagige Werkzeuge

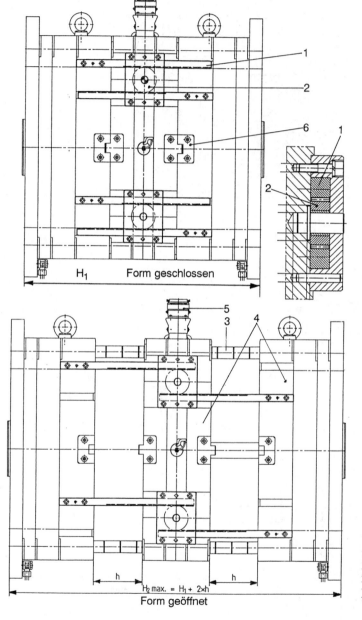

Bild 2.38: Zahnstangenzug für Etagenformen

1 Zahnstange, 2 Ritzel, nicht angetrieben, 3 Säulenführungen, 4 Formhälfte, 5 Heizung, 6 Zentrierelemente

Der Auswerfvorgang bei einem Kokillen- bzw. Preßteil wird in Bild 2.39 dargestellt. Beidseitig herausstehende Metalleinsätze des Werkstücks sollen nach Möglichkeit vermieden werden. Wenn das aber unvermeidlich ist, sollen diese Einlegeteile aber beiderseitig in das Preßwerkzeug eingelegt werden. Ein weiteres Entformungsbeispiel zeigt das Bild 2.40.

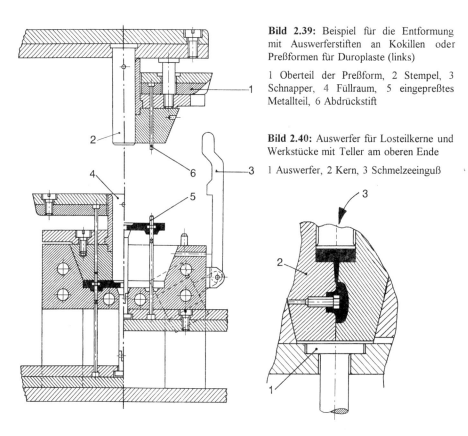

Bild 2.39: Beispiel für die Entformung mit Auswerferstiften an Kokillen oder Preßformen für Duroplaste (links)

1 Oberteil der Preßform, 2 Stempel, 3 Schnapper, 4 Füllraum, 5 eingepreßtes Metallteil, 6 Abdrückstift

Bild 2.40: Auswerfer für Losteilkerne und Werkstücke mit Teller am oberen Ende

1 Auswerfer, 2 Kern, 3 Schmelzeeinguß

Bei der Herstellung von Teilen mit Hinterschneidungen sind oft Werkzeuge mit Seiteneinsätzen vorteilhafter als solche mit einem Backeneinsatz. In Bild 2.41 wird eine Entformungsvariante gezeigt, bei der mehrere Segmente, die die Form bilden, beim Heben selbständig nach außen schwenken. Das Werkstück, hier eine Riemenscheibe, liegt dann frei und kann entnommen werden. Ein zentraler Auswerfer betätigt die einzelnen Drückstifte für die 4 Formsegmente. Backeneinsätze sind fast immer komplizierter und daher auch kostspieliger.

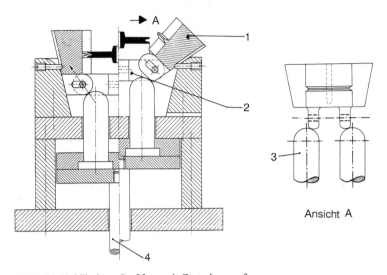

Bild 2.41: Kokille bzw. Preßform mit Zentralauswerfer

1 schwenkbarer Kern, 2 Träger der Kerne, 3 Kugelkopf-Drückstift, 4 Zentralauswerfer

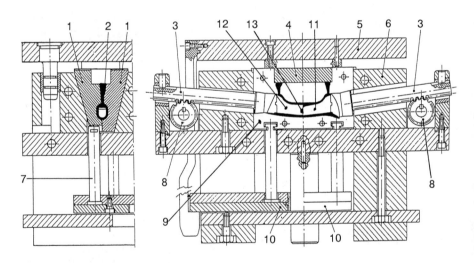

Bild 2.42: Preßwerkzeug für ein hohles Werkstück

1 Backen, Kern, 2 Steiger, 3 Zahnstange, 4 Deckplatte, 5 Platte, 6 Rahmen, 7 Auswerferstift, 8 Zahnrad, 9 wechselbare Formplatte, 10 Drückplatte für die Auswerferformplatte, 11 und 12 Kern, 13 Mittenzentrierung

Das Bild 2.42 zeigt eine Kokille für Metallgußteile, wie z.B. Zwischenteile für Saugkrümmer oder Formverbindungsteile mit Hohlraum. Der Formhohlraum ist in die Backen eingearbeitet. Die Kerne werden über hydraulisch betätigte Zahnstange-Ritzel-Getriebe entformt. Die Kerne 11 und 12 zentrieren sich auf der idealen Mitte 13 und werden mit einer Zahnstange, die am Formkern angeschlossen ist, mechanisch gezogen. Das Ritzel 8 ist über einen Handhebel oder Hydraulikzylinder, auch Druckluftzylinder oder Getriebemotor, zu betätigen. Nach dem Gießen hebt sich die Drückplatte, wodurch die Backen nicht nur gehoben werden, sondern sich auch infolge der vierseitigen Führung öffnen. Das Guß- bzw. Preßteil kann nun entnommen werden. Die Backen (Kerne) sind Losteile. Die Auswerfer sind hier in T-Nuten eingeschoben zum Zwecke des leichten Auswechselns. Es wird das komplette Nest entformt.

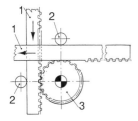

Bild 2.43: Bewegungsübertragung auf einen Schieber
1 Zahnstange, 2 Stützrolle, 3 Antriebsrad

Ein konstruktives Detail zur Bewegungseinleitung in den Schieber zur Entformung wird in Bild 2.43 gezeigt. Am Zahnrad sind einige Zähne bis zum Teilkreis abgeschliffen. Dadurch wird eine Verriegelung der Schieber erreicht.

Ein anderes Gestaltungsbeispiel enthält Bild 2.44. Das Werkstück ist hinterschnitten, weshalb seitlich ein Kern erforderlich ist. Ein Drehriegel sichert, daß beim Öffnen des Preßwerkzeugs der Einsatz mit Kern in der Form verbleibt. Ein Drückstift hebt den Einsatz heraus.

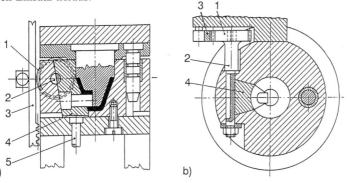

Bild 2.44: Preßform mit Seiteneinsatz für die Herstellung von Hinterschneidungen
a) Schnittdarstellung, b) Draufsicht im Schnitt, 1 Zahnrad, 2 Drehriegel, 3 Zahnstange, 4 Kern, 5 Drückstift

Werkzeuge, Preßformen und Formhälften müssen zur Aufbewahrung und für den Transport zueinander gesichert werden. Dazu zeigt Bild 2.45 ein Beispiel. Es ist eine Keilsicherung. Sie gewährleistet auch bei Reparatur- und Wartungsarbeiten am Werkzeug guten Sicherungsschutz, auch bei Etagenformen.

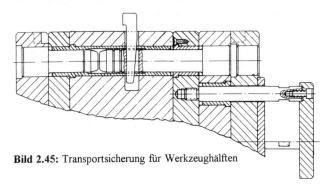

Bild 2.45: Transportsicherung für Werkzeughälften

2.5 Kernherstellung

Zur Erzeugung von Hohlräumen in Gußstücken aller Art sind verlorene Kerne erforderlich. Beispielwerkstücke sind in Bild 2.46 dargestellt. Diese Kerne werden hauptsächlich aus Quarzsand mit beigemischtem Bindemittel auf Kunststoffbasis hergestellt. Unter Einwirkung von Hitze werden die Kerne in einer Form gebacken. Eine solche Backform wird in Bild 2.47 gezeigt. Sie ist für die Kernfertigung auf einer Transferanlage ausgelegt. Diese Anlage wird in Bild 2.48 gezeigt.

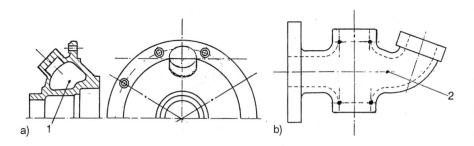

Bild 2.46: Gußstücke, für deren Herstellung verlorene Sandkerne erforderlich sind.

a) Lagerdeckel mit Mantel zur Wasserkühlung (1), b) Abgaskrümmer oder Ansaugkrümmer mit Gasraum (2)

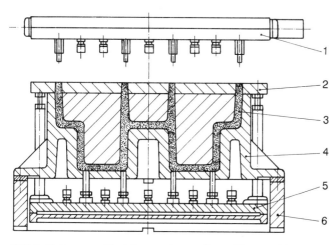

Bild 2.47: Form zur Herstellung verlorener Kerne (Röperwerk)
1 Brenner zur Beheizung mit oberen Kernausstoßer, 2 Kernoberteil, 3 verlorener Sandkern, 4 Kernunterteil, 5 Brenner zur Beheizung mit unterem Auswerfer, 6 Rahmen

Die Anlage besteht aus zwei Trenn- und Backstationen, die beidseits zur Kernschieß- und Befüllstation angeordnet sind. Das Sandgemisch wird über einen Bunker bereitgestellt. Der Formsand besteht meist aus Quarz von mittlerer gleichmäßiger Körnung mit 5 bis 15% Ton. Kalkgehalt ist schädlich, da er zu poröser Oberfläche des Gußstücks und zum Anbrennen des Sandes am Gußstück führt. Durch Wasserzusatz von 5 bis 9% wird der Sand gut bildsam. Für das Gießen von Magnesiumlegierungen werden dem Sand Schutzstoffe, wie Schwefel und Borsäure, beigemischt, um eine schädigende Wirkung der Feuchtigkeit des Sandes auf die Gußteiloberfläche auszuschließen. Die Form befindet sich zuerst in der Schießeinheit und wird unter Druck mit einem Formsandgemisch befüllt. Anschließend fährt die Vorrichtung auf dem Transportwagen schienengebunden zur rechten oder linken Trenn- und Backstation. Hier wird der Hohlraumkern zu einem festen Teil gebacken. Gasbrenner heizen dazu die Form von oben und unten. Damit nun die in Bild 2.49 dargestellte Entnahmeeinrichtung zwischen Kernunterteil und der Unterhaube des gebackenen Sandkerns einfahren kann, muß der Hubzylinder über Abheberahmen und Abhebeklammern das Kernoberteil nach oben entformen. Dann fahren die Entnahmeleisten oder eine Entnahmegabel ein. Jetzt setzt die Entformung von oben über die Kernausstoßer des Kernoberteils ein. Ist dieser Vorgang abgeschlossen, senkt sich das Kernoberteil wieder zum Kernunterteil ab. Der Transportwagen bewegt sich nun wieder zum Füllen in Richtung Schießeinheit. Auf den 3 Arbeitsstationen werden zwei Backformen im steten Wechsel links und rechts positioniert.

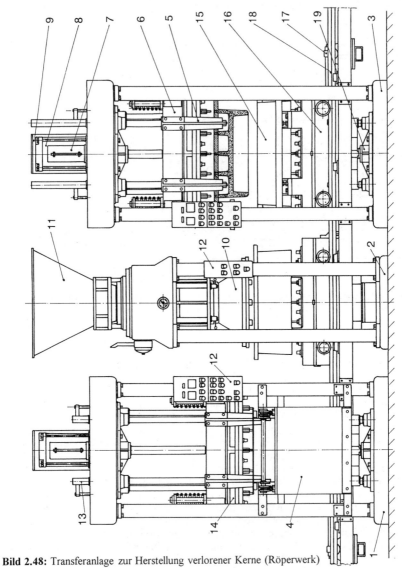

Bild 2.48: Transferanlage zur Herstellung verlorener Kerne (Röperwerk)
1 Trennstation I, 2 Kernschießer und Befüllung, 3 Trennstation II, 4 Kerntransporter, 5 Abhebeklammer, 6 Abheberahmen, 7 Ölbehälter, 8 Hubzylinder, 9 Ölbehälter für Hubzylinder, 10 Schießkopf, 11 Bunker für Sandgemisch, 12 Steuertafel, 13 Blockierzylinder, 14 Kernabstoßplatte, 15 Kernkasten, 16 Transportwagen, 17 Transportzylinder, 18 Laufschiene, 19 Ausstoßvorrichtung

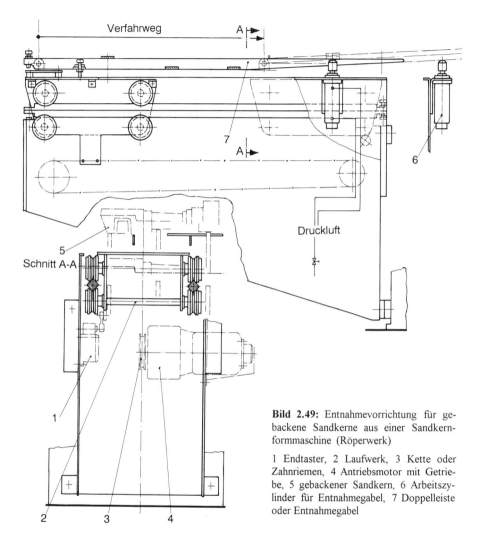

Bild 2.49: Entnahmevorrichtung für gebackene Sandkerne aus einer Sandkernformmaschine (Röperwerk)

1 Endtaster, 2 Laufwerk, 3 Kette oder Zahnriemen, 4 Antriebsmotor mit Getriebe, 5 gebackener Sandkern, 6 Arbeitszylinder für Entnahmegabel, 7 Doppelleiste oder Entnahmegabel

Die Herstellung von Kernen ähnelt übrigens der Fertigung von Kunststoff-Preßteilen in beheizten Formen. Das Bild 2.50 zeigt einen Ausschnitt aus der Arbeitsfolge. Der Ablauf ist automatisiert. Das Ausschieben des Preßlings ist funktionell mit dem Füllen der Form überlagert. Das Ausschiebeblech ist geschlitzt, so daß die Ausdrückstifte in der Entnahmephase diesen Vorgang nicht stören. Der Ablauf ist wie folgt:

→ Vorfahren des Zuteilschiebers, so daß eine dosierte Menge an Preßmasse in die Form gelangt.

→ Zufahren der Presse, wobei eine bestimmte Haltezeit im geschlossenen Zustand erforderlich ist.

→ Öffnen der Presse und zwangsweises Ingangsetzen der Ausdrückstifte, so daß der Preßling auf den unteren Ausdrückstiften liegt.

→ Ausschieben des Preßlings mit einem Gabelblech, wobei gleichzeitig die Form erneut gefüllt wird.

Diese Lösung ist allerdings wegen des erforderlichen großen Hubes des Zuteilschiebers nur für kleinere Pressen zu empfehlen.

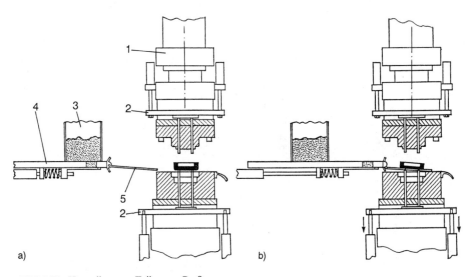

Bild 2.50: Herstellen von Teilen aus Preßmasse

a) Beginn der Entnahmephase, b) Preßling aufgegabelt, 1 Presse, 2 Auswerfertraverse, 3 Massebunker, 4 Zuteilschieber, 5 Auswerfergabelblech

3 Vorrichtungen für das Druckgießen

3.1 Maschine und Verfahren

Beim Druckgießen wird flüssiges Metall, z.B. Aluminium, Magnesium, Zinn oder Zink, schlagartig in eine stählerne Dauerform gedrückt. Es entstehen maßgenaue Werkstücke, die noch von Anguß und Grat durch Stanzen mit Schneidwerkzeugen oder durch Schleifen von Hand befreit werden müssen. In vielen Fällen ist der Herstellungsablauf bereits automatisiert. Dann ist die Entgratepresse der Druckgießmaschine angegliedert. Gut konstruierte und genau hergestellte Druckgießformen sind eine wesentliche Voraussetzung für einwandfreie Gußstücke.

Vorteile des Druckgießverfahrens sind:

→ Kleine Maßtoleranzen der Teile und damit Austauschbarkeit gegeben;
→ kleine Bearbeitungszugaben und damit wenig Zerspanungsaufwand;
→ saubere, glatte Oberfläche (preßblank) und scharfe Ausprägung der Konturen;
→ gewichtsparende, dünnwandige Gußstücke sind möglich;
→ Bohrungen, Schlitze, Aussparungen und Durchbrüche, Schriftzeichen und Ziffern sind durch Vor- und Fertiggießen möglich;
→ Herstellung komplizierter Bauteile, die in anderen Fertigungsverfahren oft aus mehreren Einzelteilen zusammengesetzt werden müssen,
→ Verbundguß ist möglich, z.B. Eingießen von Buchsen, Bolzen, Stanzteilen u.ä. aus Fremdmaterialien, wie Stahl, Bronze, Zinklegierungen oder Keramik.

Die Feinzinklegierungen sind unter den NE-Metallen wegen ihrer guten Gießbarkeit und ihres verhältnismäßig niedrigen Schmelzpunktes für den Druckguß besonders geeignet. Sie sind dünnflüssig und haben ausgezeichnetes Formfüllvermögen. Daher können auch schwierige Gußstücke mit dünnen Wandungen bei großer Genauigkeit hergestellt werden. Dabei werden noch überraschend hohe Gießleistungen erzielt. Der Gewichtsbereich, in dem die Zink-Druckgußstücke liegen, reicht von 20 kg bis herunter zu 1 Gramm. Dabei hat das kleinste Gußstück Maße von 3 x 3 x 1 mm bei Mindestwanddicken von 0,3 bis 0,5 mm. Bei Abmessungen von nahezu 1000 x 600 x 300 sind große Werkstücke meist nicht dünnwandiger als 1,5 bis 3 mm.

Der überwiegende Anwendungsbereich liegt bei kleinen und mittelgroßen Teilen, z.B. für die Automobilindustrie, die Gerätetechnik und für Gegenstände des täglichen Bedarfs.

Aluminiumdruckguß steht traditionell im Automobilbau mit an der Spitze. Auch kostenaufwendige Formen lohnen sich hier durch die zu erwartenden hohen Stückzahlen. Es werden Bauteile gebraucht, die auch im Temperaturbereich zwischen

-40° C und 110° C ihre Festigkeit und Formbeständigkeit behalten. Inzwischen ist auch gute Recyclingfähigkeit gefragt. Das spricht für Aluminium und Magnesium. Ziele sind:

➔ Sehr geringe Wandstärken bei verhältnismäßig großen Abmessungen;
➔ geringe Toleranzen zur Vereinfachung von Montageoperationen;
➔ Sichtteile ohne jeden optisch wahrnehmbaren Oberflächenfehler und
➔ Erzielung niedriger Gesamtkosten für Herstellung, Bearbeitung, Einbau und Nachbehandlung.

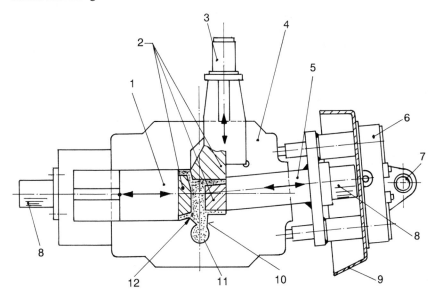

Bild 3.1: Typische Bestandteile einer Form
1 Kern mit Führung, 2 Kern, 3 Kernzug, 4 Formkörper, 5 Kernzugführung, 6 Haupt, 7 Öse, 8 Arbeitszylinder, 9 Abdeckung, 10 Steiger, 11 Anguß, 12 Anschnitt

Die fürs Druckgießen typischen Bestandteile einer Form zeigt das Bild 3.1. Für das Gießen des Teils (ein Beispiel) sind 3 Kerne und die dazugehörigen Kernzüge erforderlich. Bei halbautomatischem Betrieb wird das fertige Gußstück vom Bediener manuell entnommen. Man strebt aber heute automatische Zyklen an, d.h. die Maschine muß um eine Handhabungseinrichtung ergänzt werden. Diese Erweiterung wird in Bild 3.2 dargestellt. Der Entnahmearm fährt in die geöffnete Form ein, greift oder fängt das Werkstück, verläßt den Werkzeugraum, schwenkt den Arm um 90°

und gibt das Gußstück direkt über der Abgleitrinne frei. Erfolgt die Handhabung mit einem Greifer, ist auch geordnetes Ablegen in Werkstückträger-Magazinen oder Paletten jeder Art, z.B. Boxpaletten, möglich.

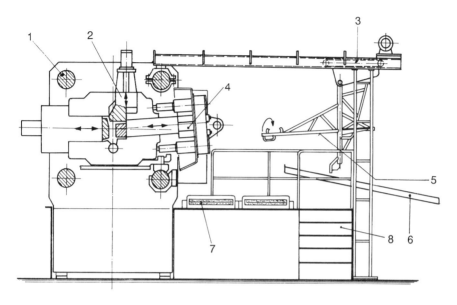

Bild 3.2: Automatisierte Druckgießmaschine

1 Säule, zum Aufbau der Form ziehbar, 2 senkrechter Kernzug, 3 Portalwagen, 4 Kernzug, 5 Schwenkarm der Handhabungseinrichtung, 6 Gleitrinne für ausgegebene Teile, 7 Lichtschranke, 8 Podest für Bediener

Für den Antrieb des Portalwagens gibt es heute viele Standardbaugruppen, die einsetzbar sind. Eine herkömmliche und sehr robuste Bauform wird in Bild 3.3 dargestellt. Der Portalwagen ist über Hebel an einen reversierenden Kettenantrieb angebunden. Die Hebel bewirken am Hubende eine Verringerung der Geschwindigkeit, bevor der Endanschlag erreicht wird.

Füllbüchse und Druckkolben sind an Druckgießmaschinen wechselbar und werden im Durchmesser der technologischen Aufgabe angepaßt. Deshalb muß auch der Einfülltrichter einstellbar sein, wie in Bild 3.4 dargestellt. Er ist einhängbar und in der Höhe und Achse klemmbar. Das ist besonders wichtig, wenn das Einfüllen von Metall in die Druckgießmaschine automatisch abläuft.

43

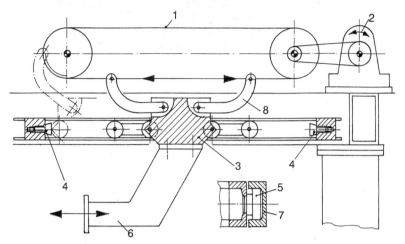

Bild 3.3: Portalfahrwerk für einen Entnahmearm

1 Kette, 2 Antriebsmotor, 3 Laufwagen, 4 Anschlagpuffer, 5 Laufrolle, 6 Arm, 7 Fahrschiene, U-Pofil, 8 Koppel

Bild 3.4: Einstellbarer Einfülltrichter (Volkswagen)

1 Füllbüchse, 2 Einsatz einer im Durchmesser größeren Füllbüchse, 3 Einfülltrichter, 4 Schmelze-Eingabe, 5 Preßkolben, 6 Zwischenplatte, wahlweise, 7 Einsatz für Füllgarnitur zum Anbau der Füllbüchse an den Maschinenkörper, 8 Sitz im festen Formteil, 9 jeweilige Druckkolbenachse

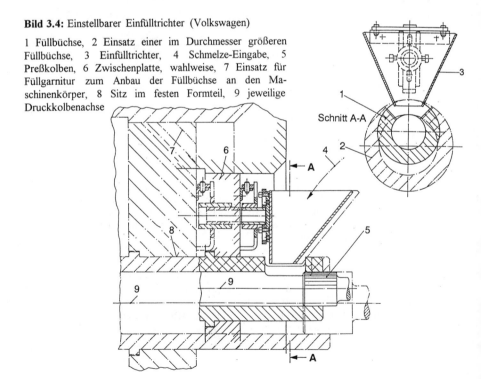

Zum Einrichten einer Druckgießmaschine sei folgendes angemerkt: Die Druckgießform muß aufgebaut sein, so daß die Einbauhöhe der Form mit dem Schließen der Druckgießmaschine abgestimmt werden kann.

Das Querhaupt muß beim Einrichten der Maschine auf die Einbauhöhe der Druckgußform eingestellt werden. Dazu verfügt die Maschine über entsprechende Einstellhilfen, die man in Bild 3.5 sehen kann. Bei geschlossener Form bewegen sich die Kniehebel der Formschließeinheit etwas über den Totpunkt hinaus und recken dabei die Säule 1 bis 4 mm auf Vorspannung, bezogen auf die Zuhaltekraft. Der Einrichtevorgang wird in Bild 3.6 dargestellt.

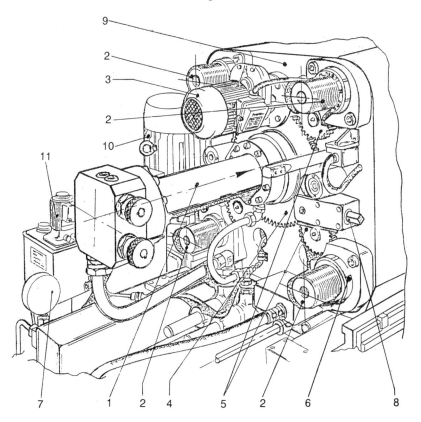

Bild 3.5: Einstellsystem einer Druckgießmaschine (VFW)

1 Schließzylinder für die Form, 2 Säule der Maschine, 3 Getriebemotor, 4 Mittelrad, 5 Außenrad, vier Stück, 6 angetriebene Stellmutter, 7 Manometer, 8 Handverstellspindel, 9 Querhaupt der Druckgießmaschine, 10 Elektromotor für Hydraulik, 11 Hydraulikaggregat

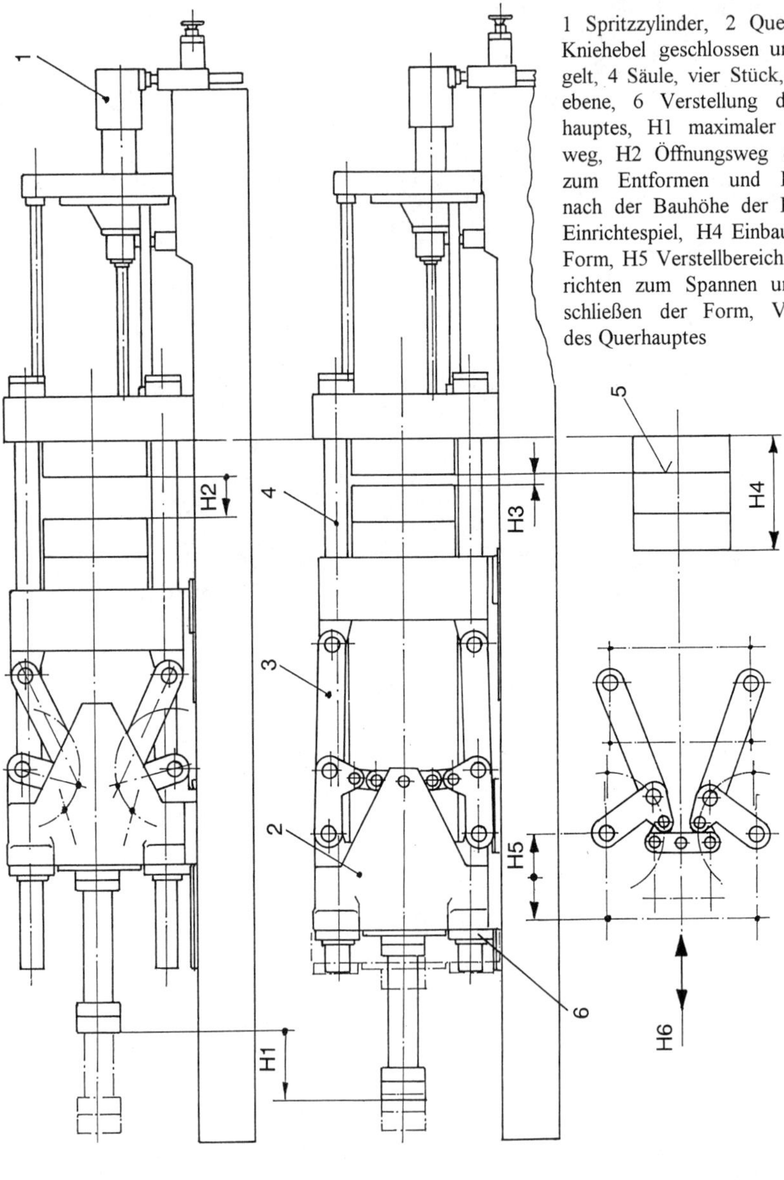

Bild 3.6/1: Einrichten einer Druckgießmaschine

1 Spritzzylinder, 2 Querhaupt, 3 Kniehebel geschlossen und verriegelt, 4 Säule, vier Stück, 5 Trennebene, 6 Verstellung des Querhauptes, H1 maximaler Verstellweg, H2 Öffnungsweg der Form zum Entformen und Einrichten nach der Bauhöhe der Form, H3 Einrichtespiel, H4 Einbauhöhe der Form, H5 Verstellbereich, H6 Einrichten zum Spannen und Dichtschließen der Form, Verstellung des Querhauptes

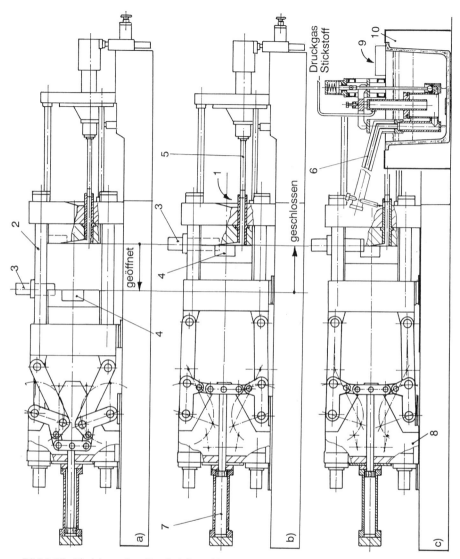

Bild 3.6/2: Einrichten einer Druckgießmaschine

a) Maschine eingerichtet, geöffnet, b) Maschine geschlossen und fertig zum Einschuß, c) Maschine mit angeschlossenem Austragsystem für die Metallschmelze, 1 Einfüllen der Metallschmelze, 2 Die beiden oberen Säulen bzw. Holme können zum Einbau der Form gezogen werden. 3 Kernzug, 4 Formnest, 5 Einschußkolben, hintere Stellung, 6 beheiztes Füllrohr, 7 Schließzylinder, 8 Querhaupt, 9 Nachfüllen von Metall, 10 Austragvorrichtung mit Warmhalteofen

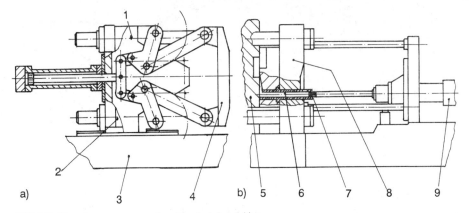

Bild 3.7: Hauptbaugruppen an einer Druckgießmaschine
a) Schließsystem, b) Einschußseite, 1 Querhaupt, 2 Längenverstellung nach der Formhöhe, 3 Maschinenbett, 4 bewegliche Aufspannplatte, 5 Druckgußform, 6 Füllbüchse, 7 Kolben, 8 feste Aufspannplatte, 9 Spritzzylinder (3 Phasen-Zyklus)

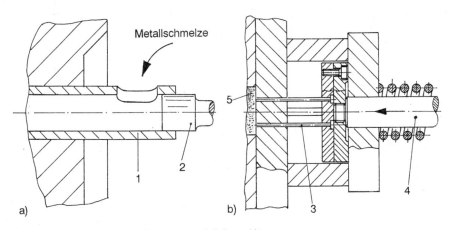

Bild 3.8: Wichtige Bestandteile einer Druckgießmaschine
a) Einfüllung, b) zentraler Auswerfer, 1 Füllbüchse, 2 Druckkolben, 3 Auswerferstift, -nagel, 4 zentraler Maschinenauswerfer, 5 Druckgußteil (Aluminium, Magnesium)

In Bild 3.7 sieht man einmal das Schließsystem mit Schließzylinder am Querhaupt. Die Schließkraft wird über das Kniehebelgetriebe beträchtlich erhöht. Auf der Einschußseite dominieren Füllbüchse und Druckkolben (Füllgarnitur). Das sieht man nochmals vergrößert in Bild 3.8a. Um die Ausführung eines zentralen Maschinenauswerfers geht es im Bild 3.8b. Die Rückstellung des Auswerfers besorgt eine Druckfeder.

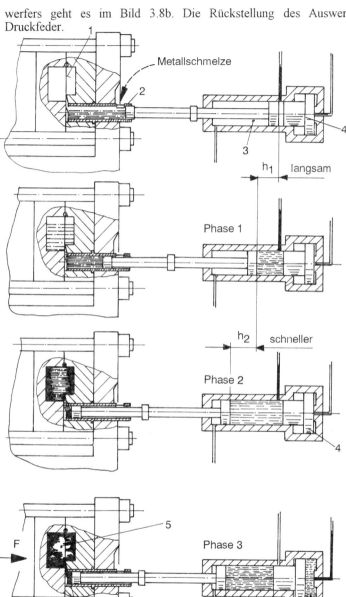

Bild 3.9: Druckgießen eines Gußstücks in 3 Phasen

a) Metallschmelze einfüllen, Kolben 1 und 2 hinten, b) langsames Füllen der Form, Kolben 1 legt den Weg h1 zurück, c) Kolben 1 legt den Weg h2 beschleunigt zurück; Phase 2, d) Kolben 2 wird aktiv zum Nachdrükken und Verdichten; Phase 3; der Abstand der Kolben verringert sich auf h3.

1 Form verschlossen, 2 Füllbüchse, 3 Druckkolben 1, 4 Multiplikatorkolben, Kolben 2; 5 erstarrendes Guß stück, 6 Drucköl kammer für Multiplikatorkolben, 7 Steiger und Anguß, F = Zuhaltekraft, über Kniehebelgetriebe verstärkt

Die Herstellung einwandfreier Druckgußteile stellt an das Einspritzsystem hohe Anforderungen. Diese sind:

➔ Hohe Spritzgeschwindigkeit

Das Material soll die Form so schnell als möglich ausfüllen, um gute Formfüllung zu erreichen.

➔ Hohe Preßkraft

Je höher die Preßkraft, desto dichter und besser wird das Materialgefüge.

➔ Stoßfreie Formfüllung.

Der Spritzkolben muß möglichst leicht sein. Ein schwerer Kolben bewirkt bei beendeter Formfüllung einen Druckstoß im Formwerkzeug, der das Mehrfache des Nenndruckes betragen kann. Dieser Druckstoß trägt jedoch zur Verdichtung des Gefüges nicht bei, da er sofort reflektiert wird und in einigen Schwingungen auf die Höhe des Nenndruckes abklingt. Jedoch führt der Druckstoß zu vermehrter Gratbildung in der Formtrennebene.

Regelbarer Spritzdruck

Zu hohe Einpreßkraft führt zu Gratbildung in der Formtrennebene und darüber hinaus sogar zu nicht mehr maßhaltigen Teilen. Die Preßkraft muß deshalb dem Teil angepaßt werden können.

Während des Einspritzens zu verändernde Spritzgeschwindigkeit

Um Herausspritzen des flüssigen Metalls zu vermeiden, muß der Preßkolben zunächst langsam anfahren. Erst nachdem die Einfüllöffnung verschlossen ist, erfolgt die Umschaltung auf volle Schußgeschwindigkeit.

Die ersten 3 Forderungen erreicht man durch einen hohen hydraulischen Druck am Einspritzkolben. Ein hoher Betriebsdruck erfordert nur ein verhältnismäßig kleines Zylindervolumen, wodurch sich eine hohe Spritzgeschwindigkeit ergibt.

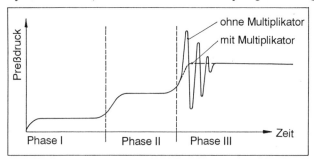

Bild 3.10: Ablaufphasen mit 3 Druckstufen

Bild 3.11: Prinzip des Multiplikatorkolbens

1 Druckanzeige, 2 Multiplikatorkolben, 3 Leckölleitung, 4 Steuerkolben, 5 Vorspannventil, 6 Rückschlagventil, 7 Druckfeder mit Stellschraube, 8 Drosselventil, 9 Dichtung, 10 gesteuertes Drosselventil, 11 4-Wege-Magnetventil, 12 Stellrad, 13 Gehäuse des Steuerschiebers, 14 Durchflußeinstellungen, 15 Anschluß an den Einspritzkolben, F Kolbenfläche, p Druck, T Ablaufleitung, A Vorlauf, B Rücklauf, C Regellauf

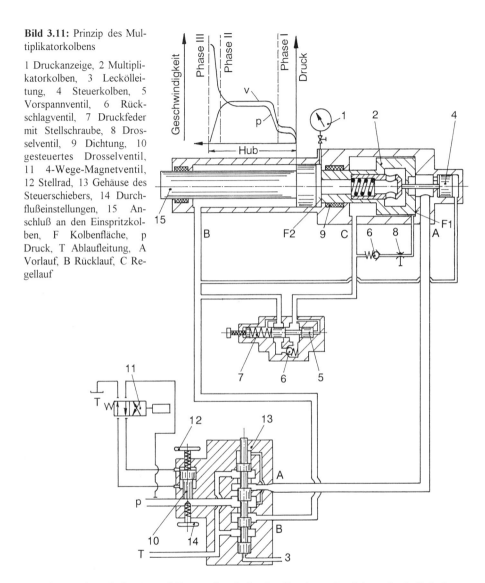

Da aber während der Formfüllung eine hohe Preßkraft noch nicht erforderlich ist, genügt es, wenn man den vollen Druck erst am Ende des Preßhubes wirken läßt. Der hohe Enddruck im Spritzzylinder wird mit einem sogenannten Multiplikator erreicht. Das Metall wird in 3 Phasen eingepreßt (Bild 3.9). Der Preßdruckverlauf ist im Diagramm Bild 3.10 dargestellt. Die Zuhaltung wird dabei über ein Kniehebelgetriebe gesichert, das den Totpunkt überschreitet. Sie wird durch Verriegeln gesichert. Die technische Seite des Multiplikatorkolbens zeigt Bild 3.11, einschließlich der Steuerung.

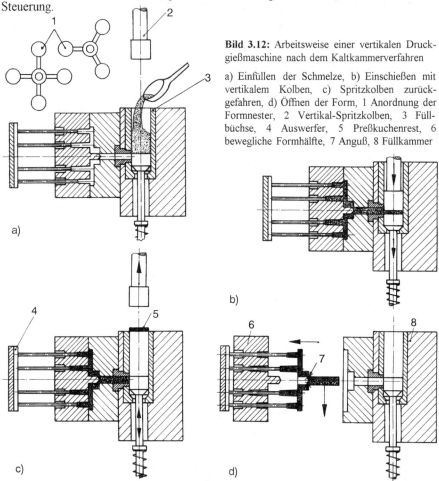

Bild 3.12: Arbeitsweise einer vertikalen Druckgießmaschine nach dem Kaltkammerverfahren

a) Einfüllen der Schmelze, b) Einschießen mit vertikalem Kolben, c) Spritzkolben zurückgefahren, d) Öffnen der Form, 1 Anordnung der Formnester, 2 Vertikal-Spritzkolben, 3 Füllbüchse, 4 Auswerfer, 5 Preßkuchenrest, 6 bewegliche Formhälfte, 7 Anguß, 8 Füllkammer

Wie eine Kaltkammer-Druckgußmaschine arbeitet, wird in Bild 3.12 gezeigt. Zunächst wird die Füllbüchse manuell mit Löffel oder mit einer Austragvorrichtung gefüllt. Dann folgt das Einschießen der Schmelze in die Form mit vertikalem Kolben. Nun fährt der Spritzkolben zurück. Gleichzeitig wird der Preßkuchenrest ausgestoßen und liegt zum Entfernen obenauf. Dafür kann eine Abstreifvorrichtung eingesetzt werden, wie sie in Bild 5.2 dargestellt ist. Nach Ablauf der Erstarrungszeit öffnet die Form und das Gußstück wird ausgestoßen und fällt nach unten aus. Arbeitet der Spritzkolben waagerecht, dann spricht man auch von einer horizontalen

Druckgießmaschine nach dem Kaltkammerverfahren. Der Ablauf wird in Bild 3.13 vorgestellt. Er ist prinzipiell gleich. Nach dem Öffnen der Form fällt das Teil heraus oder es wird von einer Handhabungseinrichtung mit einem Greifer gefaßt und geordnet abgelegt. Gleichzeitig kehrt der Einschußkolben in seine Ausgangslage zurück. Der Greifer läuft nach dem Fassen des Gußstücks synchron mit der Auswerfbewegung mit. Dieser Vorgang kann hydraulisch gesteuert sein oder er ist mechanisch verkoppelt.

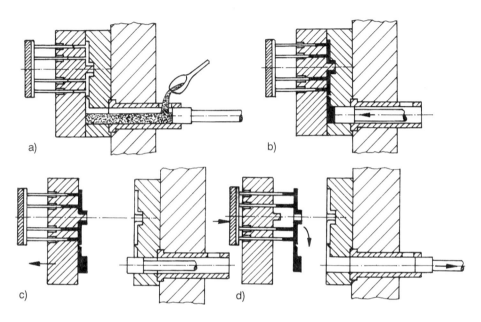

Bild 3.13: Prinzip einer horizontalen Druckgießmaschine für Kaltkammerdruckguß
a) Einfüllen der Schmelze in die Füllbüchse, b) Einschießen der Schmelze in das Formnest, c) Öffnen der Form nach Ablauf der Erstarrungszeit, d) Ausstoßen des Druckgußteils

In einer Druckgießmaschine wirken bedeutende Kräfte gegeneinander, die vom Konstrukteur berechnet und berücksichtigt werden müssen. Die Kraft, die versucht die Form zu sprengen, hängt von folgenden Größen ab:

→ Projizierte Fläche des Gußstücks (Bild 3.14b), Werkstückgröße,
→ Größe des Angußes und
→ Einspritzdruck.

Die Form wird durch eine umlaufende Stützkante verriegelt. Man sieht das in Bild 3.14a. Der Schließvorgang wird überwacht. Dazu sind elektrische Taster vorgesehen, die abgefragt werden. Das wird in Bild 3.15 dargestellt. Die Justiermöglichkeiten werden in Bild 3.16 gezeigt.

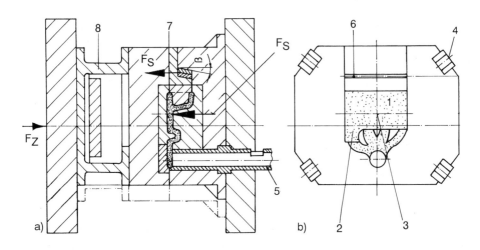

Bild 3.14: Kraftwirkungen an der Druckgußform

a) Schnittdarstellung der Form, b) Draufsicht bewegliche Formhälfte, 1 Projektionsfläche des Gußstücks mit Anguß, 2 Gußteil, 3 Mitte der Druckgießform, 4 Such- und Absteckklötze zur Positionierung, 5 Füllbüchse, 6 Stützleiste, 7 Formteilung, 8 Spannplatte mit Raum für den Auswerferweg, F_S Sprengkräfte, F_Z Zuhalte- bzw. Schließkraft der Maschine, ß Winkel der Stützkante etwa 5°

Das Bild 3.17 zeigt die Ausführung einer Druckgießform für Aluminium oder Magnesiumteile. Die Anspritzung erfolgt auf der Trennebene der Form, was für Gehäuseteile allgemein günstig ist. Der Durchmesser des Preßkuchens ergibt sich aus der Größe der eingesetzten Füllbüchse. Der Auswerfvorgang ist in Bild 3.17b gut erkennbar.

Das Bild 3.18 gewährt einen Blick auf eine aufgefahrene Druckgießform. Am Umfang sind die Positionierelemente zu sehen, die das gegenseitige Zentrieren der Formseiten unterstützen. Die oberen Führungssäulen der Druckgießmaschine lassen sich meistens zurückziehen, so daß sich mehr Bewegungsfreiheit beim Formeneinbau ergibt.

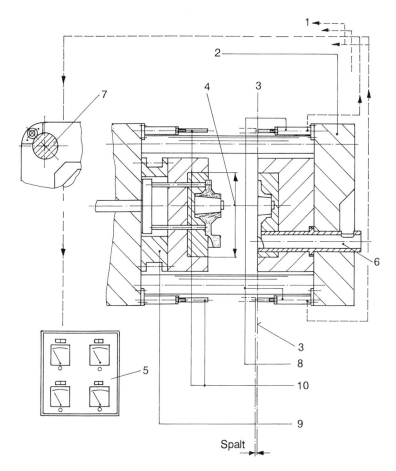

Bild 3.15: Überwachung des Schließvorganges einer Druckgießform an der Trennstelle
1 Sensorsignal, 2 feststehende Aufspannseite, 3 Trennebene, 4 Bereich für plane Anlage, 5 Anzeige, 6 Füllbüchse, 7 Säule, Holm, 8 Sensor, viermal, 9 Aufspannplatte mit Auswerferkasten, 10 Taststift, viermal, einstellbar

In Bild 3.19 wird der Schnitt durch eine Druckgießform nach Bild 3.18 gezeigt, bei der mehrere hydraulisch ziehbare Kerne vorgesehen wurden, um ein Gehäuse gießen zu können.

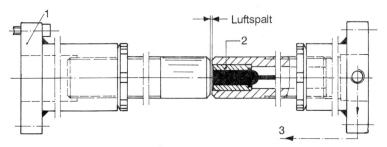

Bild 3.16: Sensoranordnung zur Überwachung der Trennebene der Form
1 Anschlußplatte, 2 Näherungssensor, 3 Sensorsignal

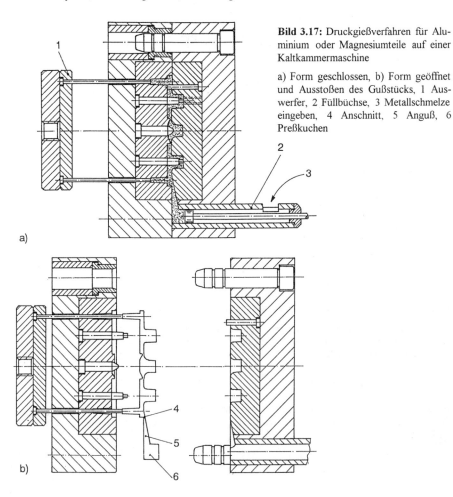

Bild 3.17: Druckgießverfahren für Aluminium oder Magnesiumteile auf einer Kaltkammermaschine

a) Form geschlossen, b) Form geöffnet und Ausstoßen des Gußstücks, 1 Auswerfer, 2 Füllbüchse, 3 Metallschmelze eingeben, 4 Anschnitt, 5 Anguß, 6 Preßkuchen

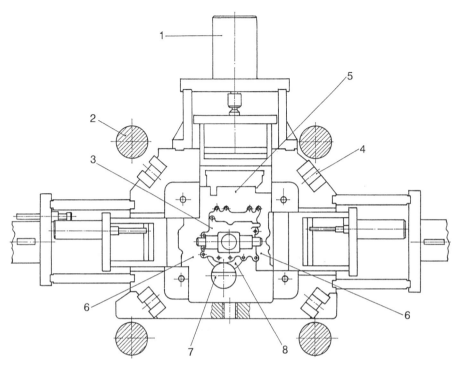

Bild 3.18: Frontansicht einer aufgefahrenen Druckgießform mit 3 Kernzügen für Motorengehäuse
1 Kernzugzylinder, 2 Säule der Druckgießmaschine, 3 Formnest, 4 Positionierhilfen, die in Taschen auf der Gegenformseite einfahren, 5 Formkern, Kopfkern, 6 Formkern, 7 Preßkuchen, 8 Anguß mit Anschnitt

Das Bild 3.20 zeigt einen Kernzylinder an einer Druckgießform. Seine Endstellungen werden über Nockentaster signalisiert und überwacht. Für den automatischen Betrieb müssen einige Aktionen überwacht werden, wie Entformen, Schließ- und Auswerfbewegungen. Außerdem muß sichergestellt sein, daß die Form vor dem nächsten Gießvorgang wirklich frei ist, also keine Reste zurückgeblieben sind.

In Bild 3.21 sieht man eine Druckgießform mit integriertem Temperaturführungssystem. Das Rohrsystem dient zum Aufheizen der Form vor Betriebsbeginn. Beim späteren Gießen wird über dieses System Wärme abgeführt. Es dient dann zur Kühlung der Form und der Kernzüge. Letztere neigen infolge der Wärmedehnung zum Verklemmen in den Führungen, wenn sie nicht gekühlt werden.

Bild 3.19: Aufbau einer Druckgießform mit Kernzügen

1 Kernzugzylinder, hydraulisch, 2 feste Formseite, 3 Füllbüchse, 4 Kernzüge, 5 Aufspannplatte der Form an der beweglichen Formseite der Maschine, 6 Kopfkern mit Kühlung, 7 Auswerfer, 8 Werkstück, 9 Pinole, 10 Hülsenauswerfer, 11 Steuerleiste für Endschalter

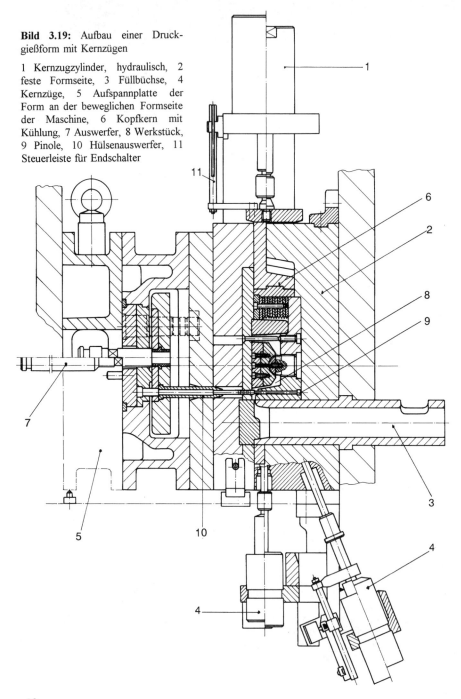

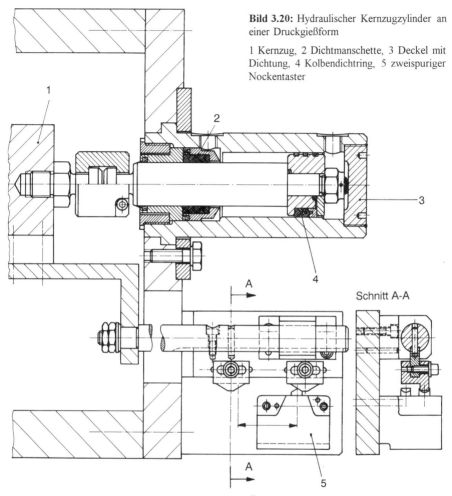

Bild 3.20: Hydraulischer Kernzugzylinder an einer Druckgießform

1 Kernzug, 2 Dichtmanschette, 3 Deckel mit Dichtung, 4 Kolbendichtring, 5 zweispuriger Nockentaster

Für Einrichtezwecke, Wartungsarbeiten, zum Öffnen und Schließen bzw. Bewegen von Kernzügen, Kokillen und Formen kann eine hydraulische Handpumpe nützlich sein. Das Prinzip wird in Bild 3.22 dargestellt. Auf diese Weise lassen sich Bewegungen und Funktionen von Funktions- und Schließteilen feinfühlig erzeugen und überprüfen.

Eine Stammform für den Einbau formender Einsätze wird in Bild 3.23 gezeigt. In den Raum (3) werden die formgebenden Einsätze eingebaut und verschraubt. Das gleiche gilt für die Schieber (1), die an den Köpfen zum Raum (3) die formgebenden Konturen enthalten. Sie werden über den Hub durch die Schrägbolzen entformt. Die Kugelsenkung (6) dient als Rastelement. Das ist auch in Bild 3.25a zu sehen.

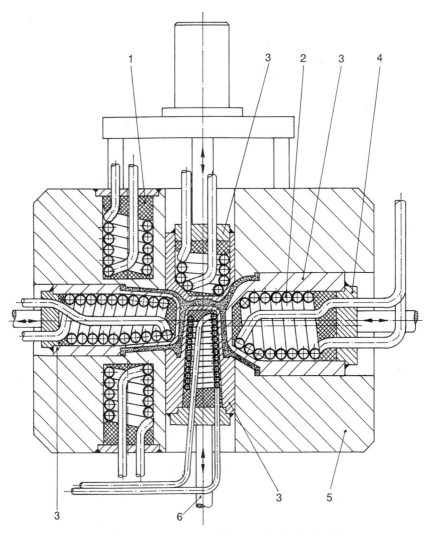

Bild 3.21: Temperaturführung in einer Druckgießform mit hydraulischen Kernzügen
1 Isoliermasse, 2 Heiz- bzw. Kühlrohr, 3 Formkern, 4 Verschlußplatte, 5 Formkörper, 6 Kernzug

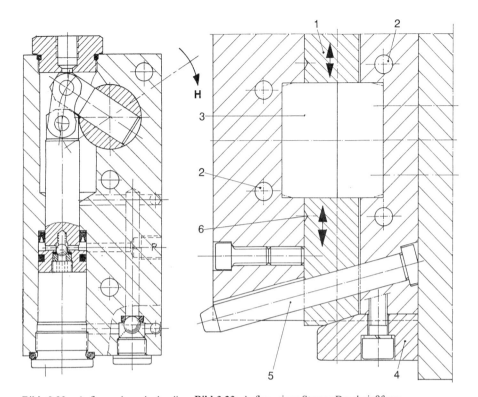

Bild 3.22: Aufbau einer hydraulischen Handpumpe für Einrichtearbeiten

Bild 3.23: Aufbau einer Stamm-Druckgießform
1 Schieber, 2 Kühlbohrung, 3 Bereich für formgebende und verschraubte Einsatzteile, 4 Anschlag für Schieber, Halter, 5 Schrägbolzen für Schieberbetätigung, 6 Rastkugelsenkung

Das Bild 3.24 zeigt einige Paarungsmöglichkeiten von Führungssäulen und -buchsen. Beide Bauteile lassen sich bei einer Bundausführung gegen Haltebuchsen spannen. Führungssäulen liegen im Toleranzfeld f7 oder g6 (Durchmesser im Führungsbereich) sowie m6 oder k6 (Durchmesser im Sitzbereich). Bei den Buchsen werden die Passungen H7 (Innendurchmesser) und k6 (Außendurchmesser) verwendet. Im eingebauten Zustand sieht man die Führungen in Bild 3.25a. Die Darstellungen sind ohne Füllgarnituren wie Füllbüchse und Anschnitt für Metall bzw.Angießbuchse mit Verteiler für Kunststoffe ausgeführt.

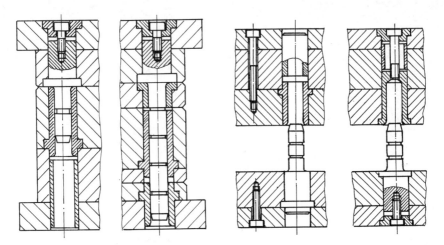

Bild 3.24: Beispiele für die Gestaltung von Führungsbolzen und -buchsen für Druckgieß- und Spritzgießformen

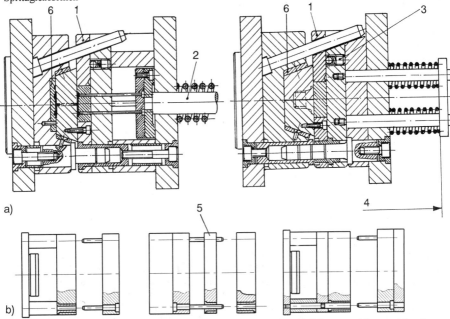

Bild 3.25: Gestaltung von Säulenführungen bei Druckgießformen (Füllelement nicht gezeichnet)
a) Ausführungsbeispiele, b) Entformungsarten mit oder ohne Abstreiferplatte, 1 Formschieber, 2 Zentralauswerfer, 3 Indexierelement, 4 Federrückzug, 5 Abstreifplatte, 6 Verschleißteilaufbau

Mitunter werden Einbauteile mit eingegossen bzw. im Falle von Kunststoffteilen eingespritzt. Die Bedeutung der Verbundkonstruktionen hat beträchtlich zugenommen, weil damit Montageoperationen eingespart werden können. Die Einlegeteile müssen vorher in die Form eingebracht werden und dort gut fixiert sein. In Bild 3.26 wird eine Mehrfach-Druckgießform gezeigt, bei der die Teile nicht nur in einer Aufnahmebohrung zentriert, sondern gleichzeitig auch mit Permanentmagneten gehalten werden. Alle Formnester in sternförmiger Anordnung werden über die Angußspinne versorgt. Statt Anguß oder Anschnitt einer Füllbüchse bei Druckguß, kann man sich auch, wie gezeichnet, eine Angießbuchse für Kunststoffe denken.

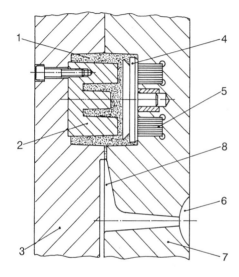

Bild 3.26: Druckgießform für Einlegeteil
1 Gußstück, 2 Kern, 3 Formplatte, 4 Einlege- bzw. Eingußteil, 5 Permanent-Haftmagnet, 6 Anguß, 7 Formplatte, 8 Angußspinne

3.2 Schmelz- und Warmhalteeinrichtungen

Tiegel und Wannen der verschiedensten Art werden zum Schmelzen, vor allem aber zum Warmhalten von Metallschmelze gebraucht. Im einfachsten Fall wird das Metall am Gießort durch Schöpfen der Schmelze entnommen und in die Kokille oder Druckgießmaschine gegeben. Die Warmhaltetemperatur wird etwas unter der Schmelztemperatur gehalten. Die übliche Ausführung eines solchen Tiegels wird in Bild 3.27 dargestellt. In der Darstellung werden die für den konstruktiven Entwurf wichtigen Abmessungen angezeigt.

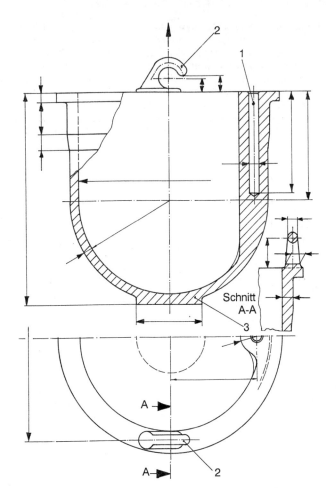

Bild 3.27: Warmhaltetiegel für Metallschmelzen (Maßaufbau)

1 Bohrung für Temperaturfühler, 2 Zughaken, 3 Standfuß

In diesen Warmhalteöfen, die unmittelbar am Ort des Vergießens aufgestellt sind, wird das geschmolzene Metall warm- und zum Austragen bereitgehalten. Sie enthalten Zughaken für das Anfassen bei horizontaler Bewegung am Aufstellort. Ein ausgeprägter Standfuß ist vorteilhaft, was auch für Reinigungsarbeiten wichtig ist. Ein kompletter Ofen mit eingebautem Tiegel wird in Bild 3.28 dargestellt. Er steht neben einer Druckgießmaschine in der Nähe der Füllbüchse. Die Beheizung solcher Öfen geschieht elektrisch, mit Gasbeheizung oder auch mit einer Ölheizung. Zur Temperaturmessung und -regelung sind entsprechende Möglichkeiten (Thermoelement, Regler) vorzusehen.

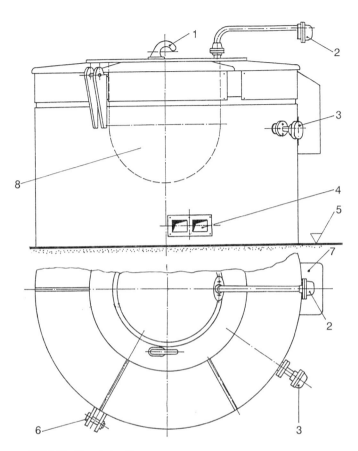

Bild 3.28: Warmhalteofen

1 Zughaken, 2 Thermoelement für das Messen der Schmelze-Temperatur, 3 Thermometer für das Messen der Ofentemperatur, 4 Sichtöffnung für Mauerwerk, 5 Hallenboden, 6 Scharnier für die Ofenabdeckung, 7 Anschluß für die Elektroheizung

Das Bild 3.29 zeigt den Aufbau eines Warmhalteofens (Schöpfofen) zum Austragen von Metallschmelze von Hand oder mit einer mechanischen Vorrichtung. Der Ofen ist eventuell auch für das Schmelzen bzw. Beischmelzen geeignet. Die Wanne kann rechteckig oder rund ausgeführt sein. Beischmelze bedeutet, daß kleine Stücke von sauberen Gießresten während der Warmhaltung sofort wieder mit eingeschmolzen werden.

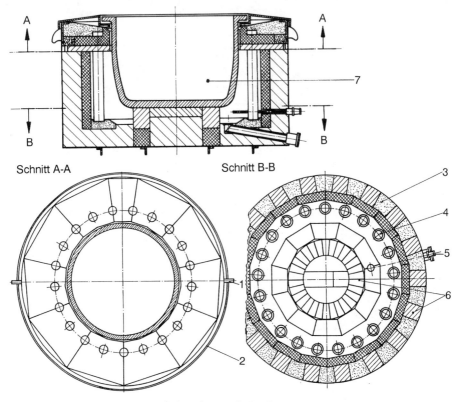

Bild 3.29: Aufbau eines Warmhalteofens für Metallschmelzen

1 Haken zum Abziehen des Oberteils, um die Wanne zu ziehen, 2 Ofenmantel (Stahlblech), 3 Schamottemauerwerk zur Isolierung, 4 elektrische Heizstäbe, 5 Thermometer, 6 Tiegelauflage, mit Schamotte-Formsteinen gemauert, 7 Wanne

3.3 Austragen von Metall

Flüssiges Metall muß aus einem Vorrat in die Form gebracht werden. Das ist keine alltägliche Aufgabe. Man braucht dazu Vorrichtungen, die die Schmelze flüssig halten, die eine bestimmte Dosismenge abteilen können und das Fördern bis in die Form und ohne Verunreinigung besorgen. Auf einige konstruktive Lösungen soll nun eingegangen werden.

Das Bild 3.30 zeigt ein Austragsystem für die Herstellung von Druckgußteilen aus Zinn. Der Kolben ist in die Kolbenstange eines Druckzylinders einhängbar. Es kann auch eine Hebelumlenkung zum Bewegungszylinder zwischengeschaltet sein. Das System ist nicht für Aluminium- und Magnesiumschmelze geeignet.

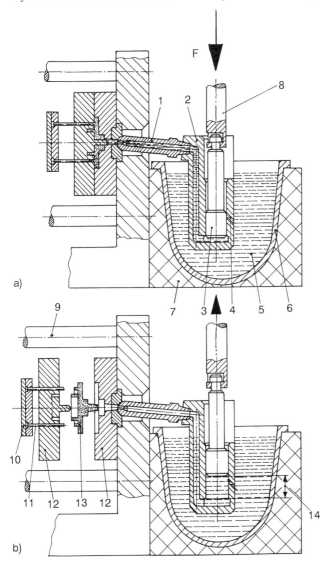

Bild 3.30: Austragsystem für Metalle (Warmkammermaschine)

a) Spritzphase, b) Entformen, 1 Gießhals mit Düse, 2 Austragzylinder, 3 Preßkolben für Schmelze, 4 Einlauföffnung für Schmelze, 5 Schmelze, 6 Tiegel, 7 Ofen mit Isolierung, 8 Anschlußstange für Linearzylinder, einhängbar, 9 Führungssäule, 10 Auswerferplatte, 11 Auswerferstift, 12 Spritzform (Vorder-, Hinterteil), 13 Druckgußteil, 14 Preßhub-Dosiermenge Metall

Eine weitere Ausführungsvariante für ein Austragsystem zeigt Bild 3.31. Das Füllrohr liegt auf dem Anschlußsitz durch Eigengewicht dicht auf. Es wird elektrisch beheizt. Der zentrale Anguß wird vorzugsweise für Formen mit mehreren Formnestern verwendet. Die Vorrichtung zur Gießresteentfernung ist nicht mit dargestellt. Das System ist jedoch für flüssiges Aluminium und Magnesium nicht geeignet.

Bild 3.31: Austragen von Metall an einer Druckgießmaschine mit vertikaler Befüllung

1 Preßkolben, 2 Stütze, einstellbar, 3 Füllrohr, beheizt, 4 Arbeitszylinder für Schmelze-Ventil, 5 Handrad und Deckel, 6 Druckkammer mit Ventil, 7 Ventil mit Brücke, 8 Anschluß, 9 Gießreste-Ablaufrinne, 10 Unterkolben, 11 zentraler Anguß

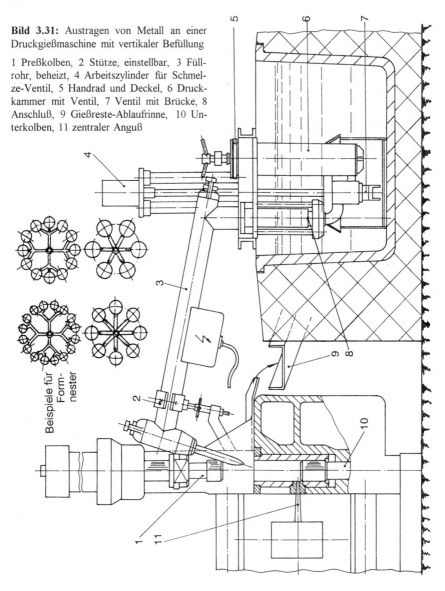

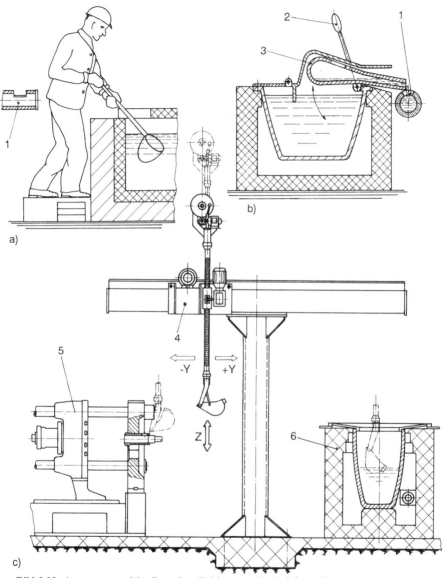

Bild 3.32: Austragen von Metall an einer Kaltkammer-Druckgießmaschine
a) Schöpfen von Hand, b) Schöpfen mit Vorrichtung, c) Schöpfen mit Handhabungssystem, 1 Füllbüchse, 2 Handhebel, 3 Schöpfvorrichtung, 4 Portalhandlinggerät, 5 Druckgießmaschine, 6 Ofen

Das Bild 3.32 zeigt verschiedene Technisierungsstufen für das Austragen von Metall. Es wird jeweils die Füllbüchse einer Kaltkammermaschine bedient. Bei Magnesiumschmelze muß die Oberfläche der Schmelze mit Stickstoff oder SO_2 impulsweise begast werden. Statt Schöpflöffel kann auch eine Dosier- und Schöpfvorrichtung bedient werden. Auch programmgesteuerten Handhabungseinrichtungen kann das Schöpfen übertragen werden. Es läuft dann automatisch ab. Zu beachten ist, daß Aluminiumschmelze gegenüber Eisen aggressiv ist und bei längerer Berührung Eisen aufnimmt. Schöpfgeräte werden deshalb mit einem Brei aus keramischen Pulver und Bindemittel eingestrichen. Für das automatische Austragen von Metallschmelze gibt es auch noch andere Lösungen. Das Bild 3.33 zeigt einen spezialisierten Mechanismus.

Bild 3.33: Automatische Gießeinrichtung für Aluminium (Ino/Nörthemann)

1 Druckgießmaschine, 2 Druckgießform, 3 Gestell, 4 Ofen, 5 schwenkbare Gießkelle, 6 Trägergabel, 7 elektrischer Niveautaster, 8 Arbeitszylinder für Auskippbewegung, 9 Getriebebremsmotor für Kellenhub, 10 Getriebebremsmotor für Kellenschwenkbewegung, 11 Schwenkradius, 12 Hubregelung (Füllmenge, Schmelzepegel), 13 Gesamthub, 14 Wanne

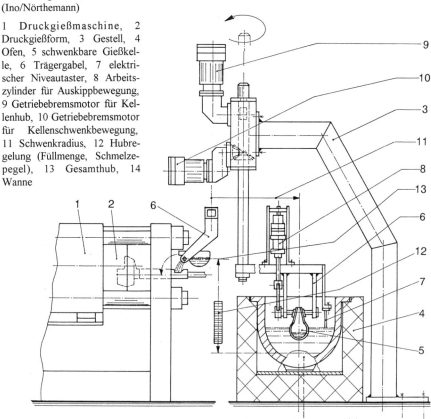

Die Druckgießmaschine ist versetzt dargestellt, d.h. die Kelle schwenkt um 90° im Radius R vom Ofen hin zur Füllbüchse der Maschine. Das Kippen der Kelle besorgt ein Arbeitszylinder mit 2 Stellungen. Der Ablauf ist wie folgt:
Die Kelle bewegt sich in Richtung Schmelze, wobei ein elektrischer Taster ein Signal zum Stoppen der Absenkbewegung abgibt. Die Einrichtung reagiert selbständig auf die sich ständig verändernde Oberfläche der Schmelze. Dann schwenkt die Kelle in die Schmelze und füllt sich. Anschließend erfolgt das Zurückschwenken in die waagerechte Position. Nach dem Aufwärtshub wird in die Füllbüchsenposition geschwenkt und die Schmelze ausgekippt. Dann läuft der Schußkolben der Druckgießmaschine vor und der Zuführvorgang ist beendet.

Zur automatischen Gießeinrichtung gehört aber nicht nur die Austragseinrichtung für die Schmelze. Sie darf nicht als Einzelobjekt betrachtet und ausgewählt werden. Angestrebt wird immer eine Kombination mit einer Entnahmeeinrichtung für die Gußstücke. Eine solche Kombination zeigt das Bild 3.34. Die Handhabungseinrichtung ist hier mit einem Fangbolzen ausgestattet, der das ausgestoßene Gußstück übernimmt und ungeordnet auf eine Gleitrinne abgibt oder in eine Boxpalette fallen läßt.

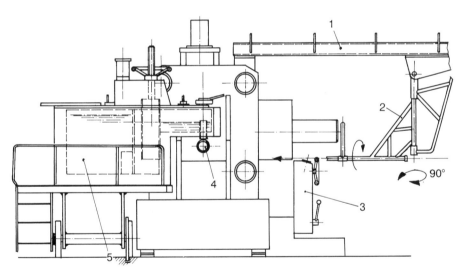

Bild 3.34: Integration von Warmhalteeinrichtung, Druckgießmaschine und Entnahmeeinrichtung
1 Portalfahrwerk, 2 Entnahmearm, 3 Steuerpult, 4 Füllbüchse, 5 Warmhalteeinrichtung

Das Bild 3.35 zeigt das Austragsystem einer Warmkammer-Druckgießmaschine zur Herstellung von Teilen aus Zinn bzw. Feinzinn. Buchse und Kolben des Preß- und Dosiersystems sind wechselbar, um unterschiedliche Austragsvolumina zu erreichen. Das Wirkprinzip entspricht dem einer Kolbenpumpe.

Bild 3.35: Austragsystem an einer Warmkammer-Druckgießmaschine

1 Druckgießmaschine, 2 Ofen, 3 Mauerwerk, 4 Isolierung, 5 Raum für Heizung, 6 Abdeckung, 7 Schmelze, 8 Tiegel oder Wanne, 9 Schraube zum Anpressen der Spritzdüse an die Form, 10 Kolbenstange, 11 Druckluftzylinder, 12 einstellbare Stangenführung, 13 Spritzdüse, 14 Preßkolben, 15 Buchse, 16 Schmelze-Einlauf, 17 Wechselsystem für den Kolben, 18 Formanguß-Anschluß

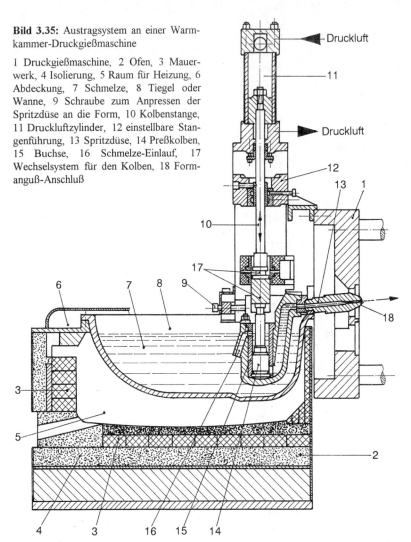

Das Bild 3.36 zeigt Maßnahmen zur Abdeckung der Schmelze. Die Schmelze muß vor Gasaufnahme und Nitridbildung durch Abdecken mit Salzgemischen auf Magnesiumchloridbasis geschützt werden. Bei Magnesium ist das wegen der Brandgefahr erforderlich. Das Bild 3.36b zeigt, wie impulsweise zugeführter Stickstoff oder SO_2 zur Oberfläche perlt und dort eine Schutzschicht auf der Schmelze ausbildet.

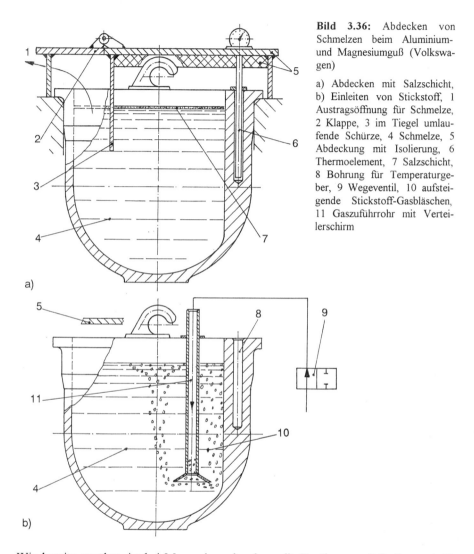

Bild 3.36: Abdecken von Schmelzen beim Aluminium- und Magnesiumguß (Volkswagen)

a) Abdecken mit Salzschicht, b) Einleiten von Stickstoff, 1 Austragsöffnung für Schmelze, 2 Klappe, 3 im Tiegel umlaufende Schürze, 4 Schmelze, 5 Abdeckung mit Isolierung, 6 Thermoelement, 7 Salzschicht, 8 Bohrung für Temperaturgeber, 9 Wegeventil, 10 aufsteigende Stickstoff-Gasbläschen, 11 Gaszuführrohr mit Verteilerschirm

Wie bereits erwähnt, ist bei Magnesiumschmelzen die Berührung mit Luftsauerstoff zu vermeiden. Bei den Beispielen wird mit Löffel oder Kelle von Hand geschöpft (Bild 3.37). Es sind auch maschinelle Austragsysteme anbaubar. Außer Schöpfen sind auch Systeme in Gebrauch, bei denen Behälter gekippt werden oder bei denen die Schmelze durch Überlauf dosiert wird.

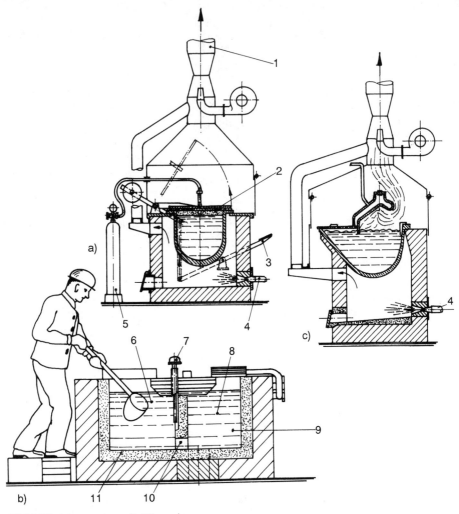

Bild 3.37: Austragsysteme für Magnesium

a) Deckelverschluß des Bades, b) Schöpfen unter Schutzgas, c) Warmhaltesystem mit Absaugung, 1 Absaugung, 2 Deckel, 3 Fußhebel für Deckelöffnung, 4 Heizung, 5 Gasflasche, Stickstoff, SO_2, 6 Schöpfen unter Schutzgas, 7 Schutzgaszuführung, 8 Magnesiumschmelze, 9 Schmelzbereich, 10 Überlauf, 11 Warmhaltewanne

In Bild 3.38 sieht man einige Varianten für Metallabläufe mit Hilfe von Austrageinrichtungen, die sich an Warmhalteöfen befinden. Das Bild 3.39 zeigt

Schmelztiegel, die durch Kippen um einen Drehpunkt das flüssige Metall zum direkten Ausgießen in Rinnen oder Kokillen abgeben.

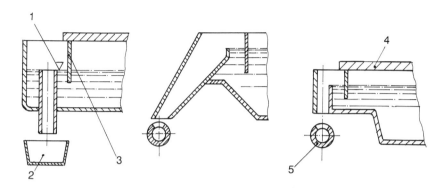

Bild 3.38: Gestaltung von Metallabläufen an Sonderwarmhalte- und Austragswannen

1 Überlauf und Meßkante für die Metalldosierung, 2 Rinnenzuführung in Kokille oder Füllbüchse, 3 Schottwand, 4 Abdeckung, 5 Füllbüchse

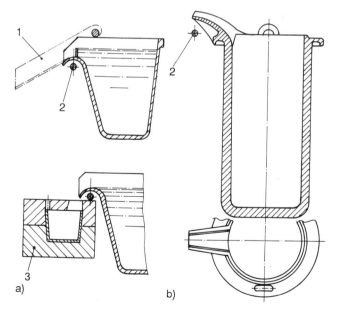

Bild 3.39: Tiegelausführung

a) Kipptiegel zum Warmhalten und direktem Ausgießen, b) ein Schmelztiegel für einen handelsüblichen Schmelzofen, 1 Ablaufrinne, 2 Drehpunkt, 3 Kokille oder Formkasten

Bild 3.40: Schöpfeinrichtung für Aluminiumschmelze (System Telemetall)

1 Druckluftanschluß, 2 Arm der Schöpfeinrichtung, 3 Ventilstangenanschluß, 4 Führung, 5 Keramikdeckel, 6 Schöpftiegel aus Keramik, 7 Ventilkegel, 8 Ventilsitz, 9 Schmelze, 10 Tiegel, Warmhaltewanne, 11 Ventilstange, 12 Tastsensor, 13 Mutter, 14 Buchse, 15 Ventil-Öffnungsbewegung, 16 Isolierbuchse

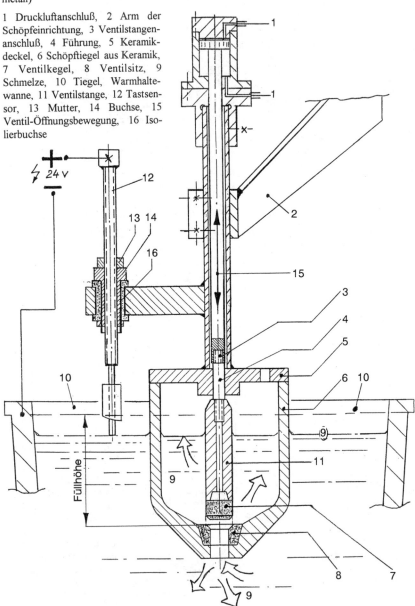

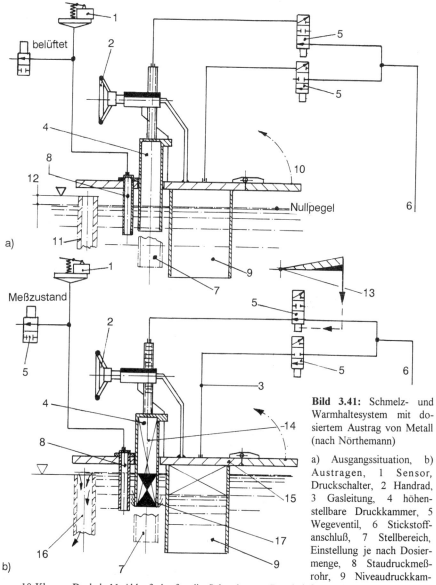

Bild 3.41: Schmelz- und Warmhaltesystem mit dosiertem Austrag von Metall (nach Nörthemann)

a) Ausgangssituation, b) Austragen, 1 Sensor, Druckschalter, 2 Handrad, 3 Gasleitung, 4 höhenstellbare Druckkammer, 5 Wegeventil, 6 Stickstoffanschluß, 7 Stellbereich, Einstellung je nach Dosiermenge, 8 Staudruckmeßrohr, 9 Niveaudruckkammer, 10 Klappe, Deckel, 11 Ablaufrohr für die Schmelze zur Druckgießmaschine, 12 erforderliche Niveauanhebung, 13 Signal vom Zeitrelais, 14 Druckgas, 15 Abdeckung, 16 ablaufendes Metall, 17 Austragmenge

In Bild 3.40 ist eine Schöpfeinrichtung für Aluminiumschmelze dargestellt. Der Schöpftiegel wird von einer Handhabungseinrichtung geführt. Er taucht mit geöffnetem Ventil soweit in die Schmelze ein, bis der Tastsensor auf der Badoberfläche auftrifft. Nach dem Prinzip der verbundenen Gefäße füllt sich nun der Schöpftiegel mit genau festgelegter Menge (Füllhöhe). Das Ventil wird nun geschlossen und der Arm bewegt den Tiegel bis zur Füllbüchse.

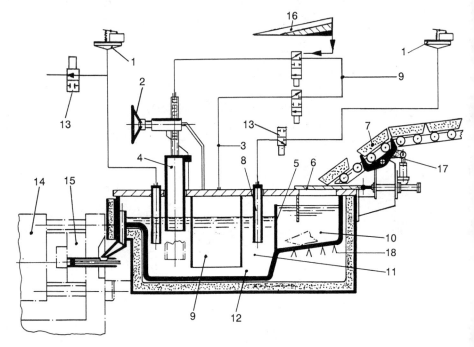

Bild 3.42: Schmelz- und Warmhaltesystem zum dosierten Austragen von Metall (nach Nörthemann)

1 Sensor, Druckschalter, 2 Handrad, 3 Gasdruckleitung, 4 höhenstellbare Druckkammer, 5 Trennwand, 6 Badabdeckung, 7 Massel, 8 Staudruckmeßrohr, 9 Stickstoffanschluß, 10 Schmelzkammer (780 bis 800 ° C), 11 Warmhaltekammer (670° C), 12 Schmelze, 13 Wegeventil, 14 Druckgießmaschine, 15 Aufspannplatte, Form, 16 Zeitrelais, 17 Zuteiler für Masseln, 18 Heizung

Ein interessantes Schmelz- und Warmhaltesystem zeigt Bild 3.41. Es kommt ohne bewegte Teile aus. Die Funktion läßt sich wie folgt beschreiben:

Man stellt am Handrad die Druckkammer auf die gewünschte Tiefe (= Dosiermenge) ein. Je tiefer die Kammer eintaucht, umso mehr Schmelze wird zugeteilt. Wird nun der Gasdruck auf die Niveaudruckkammer gegeben, steigt der Spiegel der Schmelze solange an, bis das Staudruck-Meßsystem ein Abschaltsignal abgibt. Die Schmelze hat nun nicht mehr den Null-Pegel, sondern steht fast bündig mit dem oberen Rand des Ablaufrohres. Die Beruhigungszeit für den Pegelstand beträgt etwa 3 Sekunden. Die Druckgasleitung zur Niveaudruckkammer wird jetzt geschlossen und die Druckleitung zur dosierenden Druckkammer geöffnet (Bild 3.41b). Dadurch wird die Schmelze aus dieser Druckkammer herausgepreßt, d.h. die Schmelze läuft am Ablaufrohr über. Ist die Menge aus der Druckkammer herausgepreßt, ist der Dosiervorgang beendet, denn weitere Gaszufuhr führt nicht mehr zur Schmelze-Verdrängung, weil die Gasblasen nach oben perlen. Das wirkt außerdem als Schutzbegasung. Eine weitere Version dieser Lösung sieht man in Bild 3.42.

Hinzugekommen ist das Schmelzen von Masseln, das mit einer Trennwand von der Warmhaltewanne abgeteilt ist. Durch Zufuhr einer Massel kommt es zum Überlauf der Schmelze. Die Massel sollte langsam in die Schmelze eintauchen, um ein Spritzen zu vermeiden. Der Pegelstand im Tiegel (Wanne) wird mit einem zweiten Staudruckrohr gemessen, so daß Masseln nur im Bedarfsfall zulaufen. Der Tiegel ist zum Schmelzteil abgeschrägt, damit er noch etwas Wärmezufuhrfläche bekommt. Schräge Flächen lassen sich übrigens auch besser reinigen, z.B. das Entfernen von sich am Boden absetzenden Fremdkörpern. Die Genauigkeit der ausgetragenen Metallportionen liegt bei ± 2 %. Übrigens kann man auf den Schmelzteil verzichten, wenn Metall in Flüssigform von der Hütte mit Thermofahrzeugen angeliefert wird (Energieeinsparung). Eine solche Konzeption wird in Bild 3.43a dargestellt. Druckgießmaschine und Schmelzofen sind also örtlich getrennt aufgestellt. Der Vorteil besteht darin, daß man viele Druckgießmaschinen aus einem Schmelzofen beliefern kann. Das Abfüllen geschieht hier mit der Handkelle. Durch Verwendung fahrerloser Transportsysteme wäre das auch ein Weg zur automatischen innerbetrieblichen Belieferung. Die Schmelze wird also auf dem Transportweg herangebracht und das Abfüllen geschieht automatisch aus dem Warmhalteofen (Bild 3.43b).

Das dritte Bild zeigt das Konzept einer Direktschmelzanlage. Hier werden die Masseln oder Barren automatisch dem Schmelzofen zugeführt. Die Energie für das ständige Warmhalten wird eingespart. Das Abfüllen geschieht automatisch.

Das Bild 3.44 zeigt ein Austragsystem an einer Warmkammermaschine. Es ist für das Gießen von Kleinteilen aus Magnesium geeignet. Die Schmelze ist vor dem Zutritt von Luftsauerstoff geschützt. Der Austragkolben pumpt die Schmelze über den Gießhals zur Spritzdüse. Der Antrieb erfolgt über ein Hebelwerk von einem Arbeitszylinder aus. Um das Einrichten der Spritzeinheit gegen den Formanguß zu erleichtern, hat man diese mit einer Spindel-Stelleinheit ausgestattet.

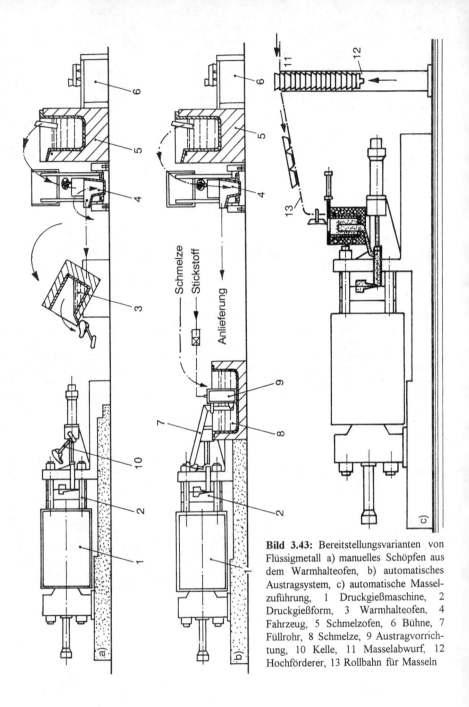

Bild 3.43: Bereitstellungsvarianten von Flüssigmetall a) manuelles Schöpfen aus dem Warmhalteofen, b) automatisches Austragsystem, c) automatische Masselzuführung, 1 Druckgießmaschine, 2 Druckgießform, 3 Warmhalteofen, 4 Fahrzeug, 5 Schmelzofen, 6 Bühne, 7 Füllrohr, 8 Schmelze, 9 Austragvorrichtung, 10 Kelle, 11 Masselabwurf, 12 Hochförderer, 13 Rollbahn für Masseln

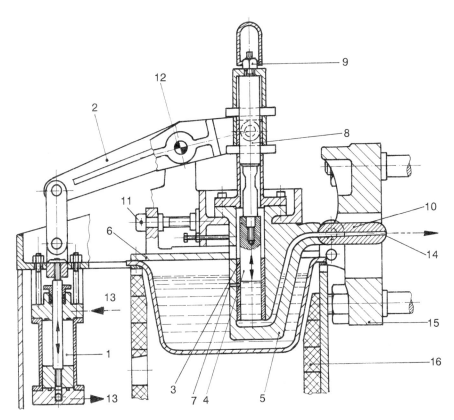

Bild 3.44: Austrageinheit für flüssiges Metall an einer Warmkammer-Druckgießmaschine
1 Arbeitszylinder für Antrieb Austragkolben, 2 Schwinge, 3 Austragzylinder, 4 Austragkolben, 5 Gießhals mit Düse, 6 Tragrahmen, Abdeckung gegen Luftzutritt, 7 Schmelzeeinlauf, 8 Kolbenanschluß, 9 Hubeinstellung, Mengendosierung, 10 Spritzdüse, 11 Stellantrieb zum Andrücken der Spritzeinheit gegen den Formanguß, 12 Drehgelenk, 13 Druckluft, 14 Anschluß an Formanguß, 15 Druckgießmaschine, 16 Warmhalteofen mit Isolierung und Abdichtung

In Bild 3.45 werden Vorrichtungen zum Austragen von z.B. Aluminium oder Magnesium gezeigt. Bei Magnesium muß die Oberfläche mit Salz abgedeckt werden. Bei Aluminium sind Warmhalteofen und Austragvorrichtung mit Keramik auszufüttern. Füllrohre können elektrisch oder mit Gas beheizt werden. Bei der Anordnung nach Bild 3.45b ist die Dosiermenge durch eine einstellbare Hubbegrenzung des Druckkolbens veränderbar.

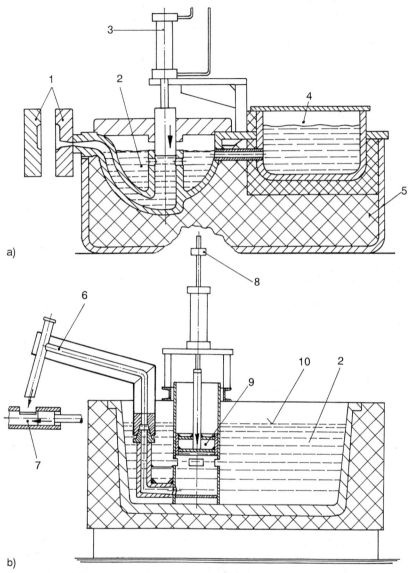

Bild 3.45: Vorrichtungen zum Austragen von Metall

a) Vorrichtung für Aluminiumschmelze, b) Vorrichtung für Magnesium, 1 Form, 2 Schmelze, 3 Arbeitszylinder, 4 Schmelzkammer, Heizung von oben, 5 Ausbau, gemauert, gestampft, 6 Füllrohr, beheizt, 7 Füllbüchse, 8 Einstellanschlag für Dosiermenge, 9 Druckkolben, 10 Salzabdeckung

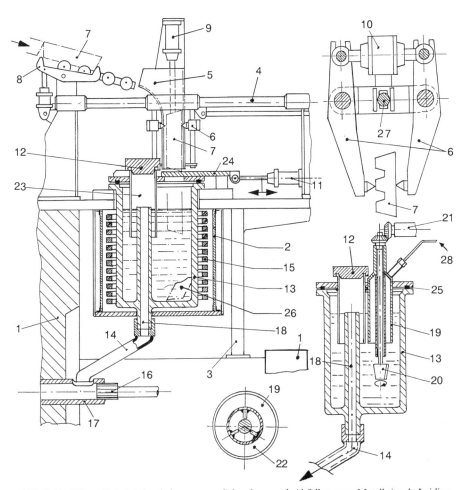

Bild 3.46: Ofen mit Induktionsheizung zum Schmelzen und Abfüllen von Metall (nach Leiding, Nörthemann)

1 Druckgießmaschine, 2 Ofen, 3 Tragrahmen, 4 Verschiebevorrichtung für Tiegelwechsel, 5 Einlaufschacht für Masseln, 6 Backengreifer für die Masselzufuhr, 7 Massel, 8 Zuteiler, 9 Absenkzylinder für Masselgreifer, 10 Zylinder für Greifbackenbewegung, 11 Zylinder für Tiegelklappenbetätigung, 12 Sichtdeckel, 13 Tiegel mit Dichtung gegen die Deckplatte, 14 beheiztes Ablaufrohr zur Füllbüchse, 15 Induktionsspule, 16 Druckkolben, Schußkolben, 17 Füllbüchse, 18 inertes Ablaufrohr für Schmelze, 19 Druckkammer, 20 Rührlöffel, 21 Rührwerkantrieb, 22 Lager für den Rundlauf des Rührlöffels, 23 Überlaufschürze fest am Deckel angebracht, 24 Tiegel — Verschlußklappe, 25 Dichtung, 26 angeschmolzene Massel, 27 Kolbenstange des Absenkzylinders, 28 Stickstoffzufuhr

Ein Ofen mit elektrischer Induktionsspulenheizung wird in Bild 3.46 vorgestellt. Er dient zum Schmelzen und Abfüllen von Metall aus einem oberhalb der Füllbüchse angeordnetem Tiegel in dieselbe. Der Ofen ist energiefreundlich ausgeführt. Eine Schmelzbühne erübrigt sich, Flüssigmaterialtransporte entfallen und das Warmhalten in einer gesonderten Einrichtung entfällt. Der Ofen ist auch gut für Magnesiumschmelzen geeignet, weil eine Schutzbegasung durch Abströmen von Stickstoff am Randende der Druckkammer erfolgt.

Die Funktion des patentierten Ofens läßt sich wie folgt beschreiben:

Wenn der Ofen in Betrieb ist, reicht die Schmelze bis kurz vor der Überlaufkante des Ablaufrohrs. Eine Massel wird zugeführt und liegt auf dem Verschlußdeckel auf. Der Greifer packt die Massel und die Verschlußkappe öffnet sich. Die Massel senkt sich ab. Gleichzeitig wird Stickstoff in die Druckkammer gegeben, so daß der Schmelz-Pegel mit der Oberkante des Ablaufrohrs abschließt. Die Schmelze läuft nun im inerten Ablaufrohr zur Füllbüchse ab, je nach Verdrängung durch die Massel und der Länge der Druckkammer. Ist der Ablaufvorgang beendet, dann wird der Schußkolben aktiv und preßt die Metallschmelze in die Form. Gleichzeitig wurde die Druckkammer entlüftet, wobei der Schmelze-Pegel schlagartig auf eine Höhe unterhalb des Einlaufs des Ablaufrohrs absinkt. Der Austragvorgang ist damit beendet.

Unterdessen arbeitet das Rührwerk, damit die eingeführte Massel in der Zeit zwischen zwei Druckgießvorgängen im Induktionsofen schmilzt. Während der Erstarrungszeit eines Gußstücks in der Form von etwa 50 Sekunden + Hilfszeit, ist eine Massel von etwa 6 bis 8 kg geschmolzen. Hilfszeit ist das Öffnen der Form, die Entnahme des Gußstücks und das Besprühen der Form an den Trennebenen. Ein solches Zeitregime ist vor allem dann sehr günstig, wenn die Masse einer handelsüblichen Massel mit der Masse des Gußstücks samt Anguß und Steiger übereinstimmt. Kleine Differenzen werden von der Preßkuchenlänge aufgenommen. Eine gewisse Anpassung ist auch möglich, wenn man die Anzahl von Formnestern in einer Druckgußform darauf abstimmt. Bei Großteilen kann man auch die Zufuhr von jeweils 2 Masseln organisieren.

Das dosierte Austragen von vorzugsweise Magnesiumschmelze wird in Bild 3.47 gezeigt. Dazu wird die Schmelze in einer Druckkammer mit Stickstoff beaufschlagt. Bei einer entsprechenden Ventilstellung wird das flüssige Metall in ein beheiztes Füllrohr gepreßt. Das Zweiwege-Ventil (Bild 3.48) befindet sich vollständig in der Schmelze. Ein Druckluftzylinder schaltet das Ventil über Zugstangen und Brückenjoch. Die Kegelspitze des Ventils ist mit einer Aufschweißung von Stellit versehen, die dann auf einer Drehmaschine noch bearbeitet wird. Die zweite Ventilstellung wird gebraucht, um den Nachlauf der Schmelze aus dem Tiegel in die Druckkammer zu gewährleisten.

Die gezeigte Lösung ist für Aluminiumschmelze nicht geeignet, weil diese Stahlteile allmählich aufzehrt. Das trifft auch auf stählerne Tiegel zu, wenn diese nicht mit einer Schlichte aus Lehm und Wasserglas mit dicker Schicht überzogen werden. Das Ventilprinzip kann aber für eine Lösung unter Verwendung keramischer Werkstoffe benutzt werden.

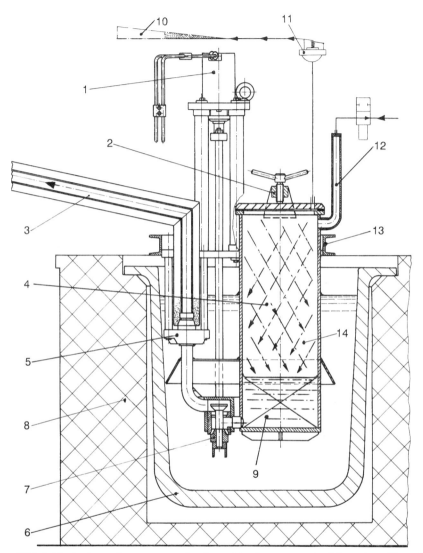

Bild 3.47: Dosiertes Austragen von flüssigem Metall, vorzugsweise Magnesium (Gesamtschnitt durch die Anlage) 1 Arbeitszylinder für Ventilbetätigung, 2 Spannjoch Druckkammerdeckel, 3 beheiztes Füllrohr, 4 Druckkammer, 5 Füllrohranschluß, 6 Warmhaltetiegel oder Warmhaltewanne, 7 Doppelventil, 8 Ofenausmauerung, 9 Austragsmenge nach Zeit und Druck, 10 Zeitrelais, 11 Druckschalter, 12 Stickstoffzuführung, 13 Tragrahmen, 14 Stickstoff-Füllung

85

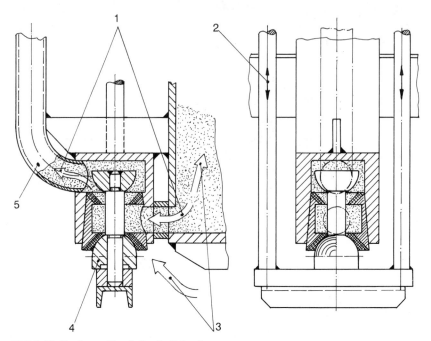

Bild 3.48: Zweiwege-Ventil für die Schmelzesteuerung
1 Schmelzefluß beim Austragen, 2 Gestänge zur Ventilbetätigung, 3 Nachlauf von Schmelze in die Druckkammer, 4 Ventilkugel, 5 Zuführung zum Füllrohr

Eine ähnliche Lösung zum dosierten Austragen von Schmelze mit Hilfe von Gasdruck wird in Bild 3.49 vorgestellt. Als Ventil wirkt hier ein beweglicher Stopfen mit kugeliger Dichtfläche, der von einem einfach wirkenden Arbeitszylinder in Bewegung gesetzt wird. Das Ventil befindet sich in der Schmelze und gibt den Weg für den Nachlauf der Schmelze aus der Wanne in die Druckkammer frei. Beim Austragen ist das Ventil geschlossen, so daß die Schmelze in das Füllrohr gepreßt wird. Die Austragkammer hat eine abgestimmte Halslänge. Das Hakenjoch erfüllt mehrere Aufgaben. Es setzt Druckkammer, Ventilapparat und den gesamten Inneneinbau fest. Dadurch kann die Vorrichtung zum Reinigen gut zerlegt und wieder montiert werden. Das Reinigen geschieht durch Wässern und Bürsten aller Teile und des Tiegels.

Systeme zum Austragen von flüssigen Schmelzen benötigen auch Verschlußeinrichtungen. Das Bild 3.50 zeigt zwei Ausführungen. Der bewegliche Kugelstopfen befindet sich innerhalb der Schmelze und er wird durch Federkraft oder mit einem Arbeitszylinder gegen die Dichtung gepreßt. Das zweite Beispiel zeigt einen Spuntverschluß. Er verschließt Auslauföffnungen für Metall auch zum Reinigen und Inspizieren von Kanälen und Rohren im Warm- oder Kaltzustand. Sie sind auch Stellventil an beheizten Füll- und Förderrohren, die sich an Druckgießmaschinen befinden. Ebenso werden sie an Rund- oder Linientaktanlagen für das Gießen in Kokillen benötigt.

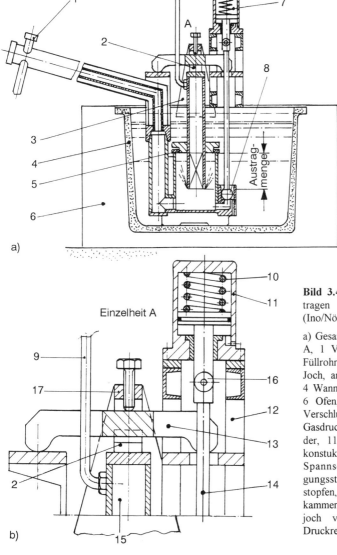

Bild 3.49: Dosieren und Austragen von flüssigem Metall (Ino/Nörthemann)

a) Gesamtansicht, b) Einzelheit A, 1 Verschluß am beheizten Füllrohr, 2 Keil, 3 Krallen mit Joch, am Tiegelrand befestigt, 4 Wanne, Tiegel, 5 Konussitz, 6 Ofen, 7 Arbeitszylinder, 8 Verschlußstopfen, beweglich, 9 Gasdruckleitung, 10 Druckfeder, 11 Gehäuse, 12 Trägerkonstuktion, 13 Brücke mit Spannschraube, 14 Betätigungsstange für Verschlußstopfen, 15 Austrags-Druckkammer, 16 Gelenk, 17 Hakenjoch vom Wannenrand, 18 Druckreglerventil

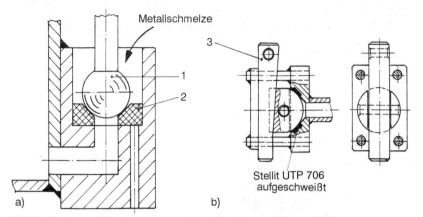

Bild 3.50: Verschlußeinrichtungen an Gieß-, Warmhalte- und Schmelzgeräten
a) beweglicher Stopfen, b) Spuntverschluß, 1 Verschlußkugel, 2 wechselbare Dichtung aus Stellit, 3 Keil

Beim Gießen komplizierter Teile, wie z.B. Getriebegehäuse, Kanalplatten, Zylinder- und Kurbelgehäuse kann es günstig sein, das Metall zu sieben, um einer Lunkerbildung entgegenzuwirken und ein gleichmäßiges Gefüge zu erhalten. Es gibt Siebkörper aus Drahtgeflecht, die zusammengerollt von Hand oder mit einer automatischen Handhabungseinrichtung in die Füllbüchse eingelegt werden. Dieser Körper verbleibt im Anguß bzw. Preßkuchen (Bild 3.51a). Man kann Siebe aber auch im Fülltrichter plazieren (Bild 3.51b). Als Sieb werden z.B. mehrlagig geschichtete

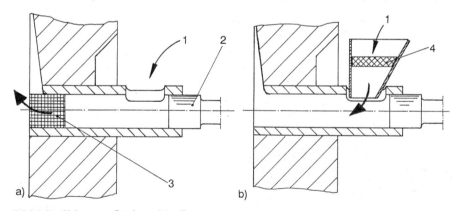

Bild 3.51: Sieben von flüssigem Metall
a) verlorener Siebkörper, b) mehrfach nutzbarer Siebeinsatz, 1 Metall, 2 Einschußkolben, eventuell wassergekühlt und aus Beryllium, 3 Siebkörper aus Drahtgeflecht, 4 Siebeinsatz

Drahtgeflechte verwendet, aber auch feuerfestes Gewebe mit großer Maschenweite ist dafür geeignet. Solche Siebeinsätze sind mehrfach verwendbar. Die Druckgußteile werden lunkerfrei, weil Gasblasen noch aufsteigen können. Das ist z.B. beim Druckgießen von Kanalplatten ein großer Vorzug.

Läuft Metallschmelze in Rinnen und Rohren, müssen diese beheizbar sein. Das wird in Bild 3.52 gezeigt. Es wird mit einen Gas-Luft-Gemisch geheizt. Das Heizaggregat ist fest an die Rinne angebaut. Ähnlich sind die in Bild 3.53 gezeigten beheizten Füllrohre aufgebaut. Es sind gasbeheizte Systeme möglich, auch Elektroheizungen.

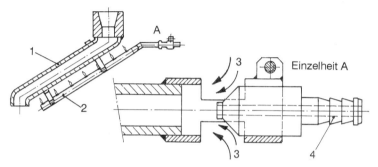

Bild 3.52: Gasbrenner zur Warmhaltung eines Abflußrohres für Metallschmelze
1 Abflußrohr, 2 Flammrohr, 3 Lufteintritt, 4 Schlauchanschluß für Heizgas

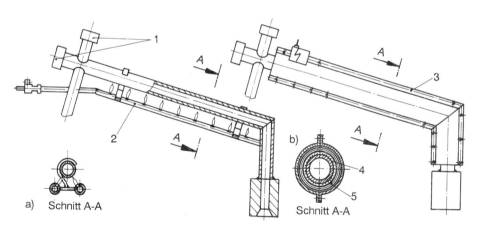

Bild 3.53: Beheizte Füllrohre
a) Gasheizung, b) Elektroheizung, 1 Verschluß- und Reinigungsöffnung, 2 Brennerrohr, 3 verschraubte Rohrhälften, 4 Heizleiter, 5 Isolierung

Gasbeheizte Füllrohre benötigen keine Isolierung, wodurch sie sehr einfach werden. Die Abstrahlung von Wärme an die Umgebung ist erheblich. Elektrisch beheizte Füllrohre benötigen um den beperlten Heizleiter am Innenrohr eine gute Isolierung. Außen folgt eine Ummantelung gegen Stöße und Hitzabstrahlung. Gegenüber gasbeheizten Füllrohren ist die Wärmeabstrahlung dementsprechend kleiner.

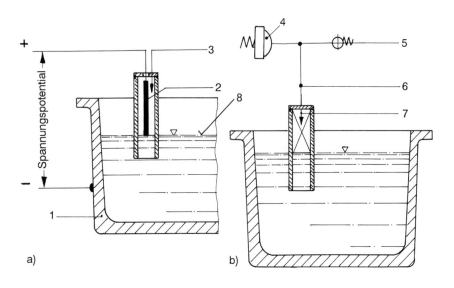

Bild 3.54: Warmhaltetiegel für Metallschmelzen mit Füllhöhenerfassung

a) einstellbarer Kontaktstift, b) Gasdruckauswertung, 1 Warmhaltewanne, 2 einstellbarer Kontaktstift, 3 Schutzgaszufuhr, drucklos, 4 Druckschalter bzw. -sensor, 5 Stickstoffzufuhr, eingestellt auf 0,02 bar Vordruck, 6 Entlüftungsleitung über ein Ventil, geschlossen bei Meßvorgang, 7 Staurohr, 8 Salzbadabdeckung

Zur Überwachung und Steuerung von Füllständen in Warmhaltewannen muß die Schmelzbadoberfläche abgetastet werden. Das Bild 3.54 zeigt 2 Varianten. Bei der Lösung nach Bild 3.54a liegt eine Spannung von 12 Volt an. Kommt ein Kontakt zwischen Schmelze und Kontaktstift zustande, dann wird der Stromkreis geschlossen, was ausgewertet wird.

Im anderen Beispiel führt der Zu- oder Abfluß von Schmelze zu einem Druckunterschied im Staurohr, das in die Schmelze ragt. Durch Auswertung der Druckdifferenz kann man auf den Füllstand schließen. Im einfachsten Fall läßt sich damit eine 2-Punkt-Regelung für den Zufluß aufbauen.

3.4 Druckgießformen

Das Druckgießverfahren ist Gießen in Dauerformen mit Hilfe einer Druckgießmaschine. Die Formen sind teuer und sollen eine lange Haltbarkeit aufweisen, wobei Maßgenauigkeit und Oberflächebgüte nicht nachlassen dürfen. Man verwendet niedrig- oder hochlegierte dreidimensional durchgeschmiedete Warmarbeitsstähle. Sie sollen gut bearbeitbar, anlaßbeständig, warmfest, verschleißbeständig (Erosion) und warmrißunanfällig sein. Der Aufwand für eine Druckgußform erhöht sich, wenn die Form beheizbar sein muß, wie es vor allem bei Leichtmetall der Fall ist (200° C bis 260° C). Die Form soll beim Gießtakt auf möglichst hoher Temperatur gehalten werden, bei aber kleinem Temperaturintervall durch Verwenden geeigneter Kühlsysteme.

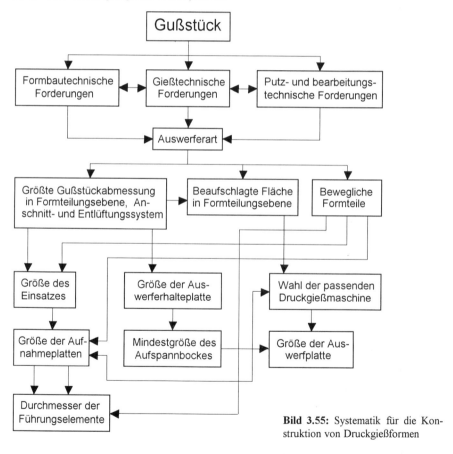

Bild 3.55: Systematik für die Konstruktion von Druckgießformen

Was man beim konstruktiven Entwurf einer Druckgießform beachten bzw. festlegen muß, wird in Bild 3.55 dargestellt. Einige konstruktive Beispiele wurden bereits im Abschnitt 3.1 vorgestellt. Diesen sollen nun noch einige Ausführungsbeispiele folgen. Sie beziehen sich auf die Entformung der Gußstücke mit Schiebern an den Kernen. Für das Druckgießen ist wichtig, daß eine Form gleichmäßig im Zeitspiel läuft, weil sich sonst größere Temperaturschwankungen auf das Arbeitsergebnis auswirken können. Automatisches Füllen mit Metall und Entnehmen der Gußstücke mit einer Vorrichtung tragen wesentlich dazu bei.

Wichtiges konstruktives Element in Druckgießformen sind Schieber. Ihre Bewegungen verlaufen nicht in Öffnungsrichtung der Form und sie haben meistens die Aufgabe, Hinterschneidungen am Gußstück (Aussparungen, Durchbrüche, Rippen, Bohrungen, Stege usw.) zu entformen. Schieber sind meistens in die bewegliche Formhälfte eingebaut. Werden sie in der festen Formhälfte vorgesehen, so sind sie vor Öffnung der Form zu ziehen. Man kann 3 Bewegungsarten bezüglich ihrer Initialisierung unterscheiden:

→ Schieberbewegung durch mechanische Verkopplung, z.B. Schrägsäulen;

→ Schieberbewegung durch hydraulische Arbeitszylinder und

→ manuelle Schieberbewegung durch Bediener (nur im Ausnahmefall).

Arbeitszylinder werden gewöhnlich dann eingesetzt, wenn der erforderliche Hub durch mechanisch abgeleitete Bewegungen nicht ausreicht.

Lösungen mit Schrägsäulenzug und Zahnstange-Ritzelgetriebe wurden bereits in den Bildern 2.42 und 3.25 gezeigt. Der Winkel der Schrägsäulen kann auch veränderlich sein, wie es Bild 3.56 zeigt. Zu Beginn der Ziehbewegung ist der Winkel < 5 bis $10°$ und später wechselt er auf < $35°$. Die Schieberbewegung wechselt somit von langsam auf etwas schneller.

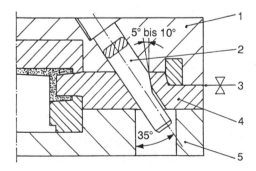

Bild 3.56: Schrägschieber mit 2 Winkeln

1 feste Formseite, 2 Schrägsäule, 3 Formteilungsebene, 4 Schieber, 5 bewegliche Formhälfte

Für schrittweises Entfernen von Gußstücken werden verzögerte Bewegungen benötigt. Eine konstruktive Lösung unter Nutzung eines Abstands- (Mitnehmer-) Bolzens und einer Hülsenzahnstange wird in Bild 3.57 vorgestellt. Der Schieber wird erst dann gezogen, wenn durch die Öffnungsbewegung der Form der Feinhub zwischen Mitnehmerbolzen und dem Bund der Hülsenzahnstange aufgebraucht ist. Der Schieber kann in der Form jeden Winkel zur Formteilungsebene einnehmen, weil die Bewegungsumlenkung über eine Zahnwelle geschieht.

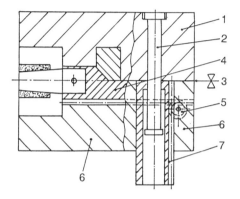

Bild 3.57: Ziehen von Kernschiebern mit Verzögerung

1 feste Formseite, 2 Mitnehmerbolzen zum Verzögern, 3 Formteilungsebene, 4 Schieber mit Verzahnung nach Ritzelwelle, 5 Zahnwelle, 6 bewegliche Formseite, 7 Ritzelhülse mit Freihub

Die Erzeugung einer Schieberbewegung in der festen Formseite wird in Bild 3.58 gezeigt. Die feste Formhälfte enthält eine bewegliche Aufnahmeplatte. Sie wird beim Öffnen der Form mit nach vorn bewegt (im Bild nach unten). Die Mitnahme der Aufnahmeplatte wird durch das auf der beweglichen Formseite aufgeschrumpfte Gußstück und die Hebelsicherung bewirkt. Die Schieber werden über Schrägsäulen gezogen.

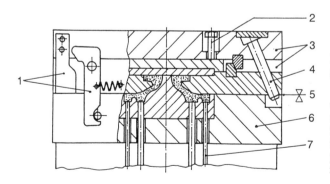

Bild 3.58: Schieberbewegung in fester Formseite

1 Sicherungshebel, 2 Anschlagschraube, 3 Aufnahmeplatte auf der festen Seite, 4 Schrägsäule, 5 Formteilungsebene, 6 Aufnahmeplatte der beweglichen Formseite, 7 Ausstoßer

Schieber müssen verriegelt werden, wenn die resultierende Kraft, die sich aus dem Gießdruck und der beaufschlagten Fläche ergibt, so groß wird, daß der Schieber während des Gießvorganges zurückgedrückt wird. Die Verriegelungsflächen greifen beim Schließen der Form so ineinander, daß eine Formpaarung in Gießstellung gegeben ist. Die Riegelflächen sind möglichst in die Ebene der auf den Schieber wirkenden Kraft zu legen. Sie müssen den Kräften standhalten. Sind Schieber einseitig angeordnet, so sind Gegenriegel vorzusehen. Bei einer Betätigung der Schieber mit Schrägsäulen sind Riegelschräge und Säulenschräge aufeinander abzustimmen. Das Bild 3.59b zeigt eine einfache Verriegelung, wobei die Riegel eingesetzt sind. Ein Gegenriegel wird bei der Variante nach Bild 3.59a verwendet. Es wird also der Riegel nochmals verriegelt. Das ergibt einen einwandfreien Sitz des Schiebers und nimmt große Kräfte auf. Man kann auch eine ohnehin erforderliche Schrägsäule mit einer Riegelfläche versehen und einen Gegenriegel anbringen.

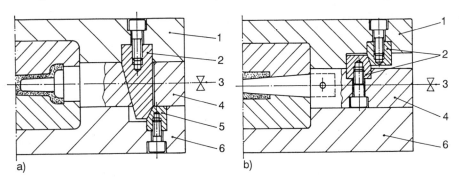

Bild 3.59: Konstruktive Ausführung von Verriegelungen
a) Durch- und Gegenriegelung, b) einfache Verriegelung, 1 feste Formhälfte, 2 Riegel, 3 Formteilungsebene, 4 Schieber, 5 Gegenriegel, 6 bewegliche Formseite

Die Anzahl und Anordnung der Auswerfer, Rückstoßer, Führungselemente und Abstandsstücke sind vom Konstrukteur festzulegen. Auswerferplatten können auf folgende Art bewegt werden:

➔ Bewegung durch Maschinenanschlag,
➔ Bewegung durch Zentralausstoßer und
➔ Bewegung von Hand über einen Handhebel.

Das Bild 3.60 zeigt dazu einige Lösungen. Beim Bewegen durch Maschinenanschlag schlägt die verlängerte Auswerfplatte gegen einen Festanschlag. Die bewegliche Formseite bewegt sich aber weiter, weshalb dann die Auswerfer hervortreten und das Gußstück ausstoßen.

Bei der Lösung nach Bild 3.60b wird nach dem Öffnen der Form über einen hydraulischen Arbeitszylinder ein zentraler Ausstoßer wirksam oder mehrere nicht im Zentrum angeordnete Ausstoßer. Beim Schließen der Form werden, wie schon erwähnt, Rückstoßer wirksam, die den Auswerferkopf (-platte) wieder in die Gießstellung zurückschieben. Dieser Rückzug kann aber auch ohne Rückstoßstifte erledigt werden, wenn die Kolbenstange des hydraulischen Arbeitszylinders fest mit dem Auswerferkopf verbunden wird. Der Rückzug erfolgt dann also auch hydraulisch.

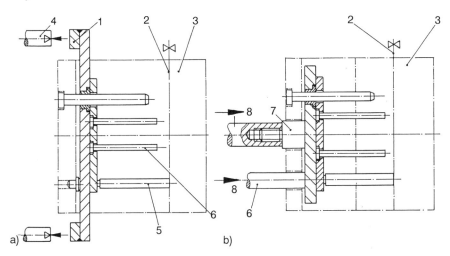

Bild 3.60: Gestaltung von Auswerferköpfen

a) Bewegung durch Maschinenanschlag, b) Bewegung durch Hydraulikzylinder, 1 Anschlagleiste, 2 Formteilungsebene, 3 feste Formseite, 4 feste Ausstoßstange, 5 Rückstoßer, 6 Auswerfer, 7 Zentralausstoßer, 8 Anschluß an Hydraulikzylinder

Das Bild 3.61 zeigt ein Spritzgießwerkzeug für Feinzinn-Legierungen mit Mehrfachnestern. Mehrere Gußteile hängen sternförmig am Anschnitt. Ähnlich ist auch der Anguß, wenn auf einer Kaltkammer-Vertikal-Druckgießmaschine der Preßkuchen von unten getrennt und ausgestoßen wird.

Die Form wird nach dem Erstarren des Materials geöffnet. Dabei reißt das Gußstück mit dem Anguß aus der feststehenden Formhälfte ab und verbleibt in der beweglichen Formhälfte bis zum Ausstoßen durch die Auswerfer. Die Aushebeschrägen können in der beweglichen Formhälfte mit z.B. 0,5° kleiner sein als in der feststehenden Formhälfte.

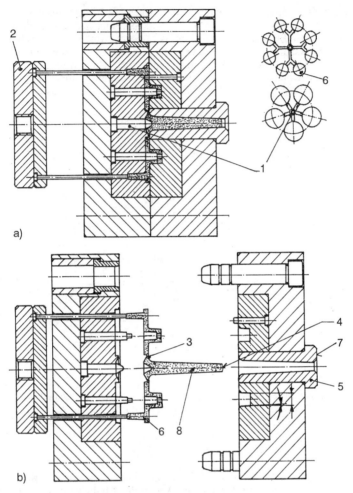

Bild 3.61: Druckgießform für Feinzinn-Legierungen

a) Form geschlossen, b) Form geöffnet, 1 Materialverteiler, 2 Auswerfer, 3 Anschnitt, 4 Abriß im Düsenbereich, 5 Eingußkegel, 6 Druckgußteil, 7 Anschluß der Düse am Gießhals der Austragkammer, 8 Anguß

Das Bild 3.62 zeigt ein Spritzgießwerkzeug für Zinngegenstände, das mit einer federnden Angießbuchse ausgestattet ist. Dargestellt ist ein Spritzzyklus mit den Phasen Schließen/Spritzen, Erstarren, Öffnen/Auswerfen. Der Anguß wird separat getrennt und abgeführt. Im Aufbau ähnlich ist das in Bild 3.63 dargestellte Werkzeug zur Herstellung eines Spielzeugautos aus Zinn. Für die Fenster und Radkästen der Modellautos sind Kernzüge erforderlich. Das Prinzip der Gestaltung der Druckgießform läßt sich auch auf das Kunststoffspritzen übertragen.

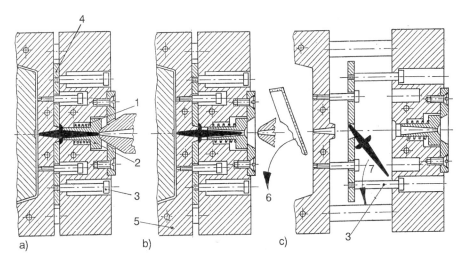

Bild 3.62: Druckgießwerkzeug für Zinngegenstände
a) Spritzen, b) Erstarren, c) Auswerfen, 1 Schraubenfeder, 2 Angießbuchse, 3 Fangbolzen, 4 Abstreifplatte, 5 bewegliche Formhälfte, 6 Werkstück, 7 Anguß

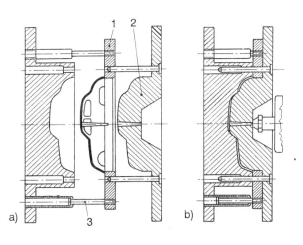

Bild 3.63: Druckgießform für Zinngegenstände mit Abstreiferplatte und einer 2-Weg-Entformung

a) Werkzeug geöffnet, b) Werkzeug geschlossen, 1 Abstreifplatte, 2 Stempel, 3 teleskopartiger Fangbolzen

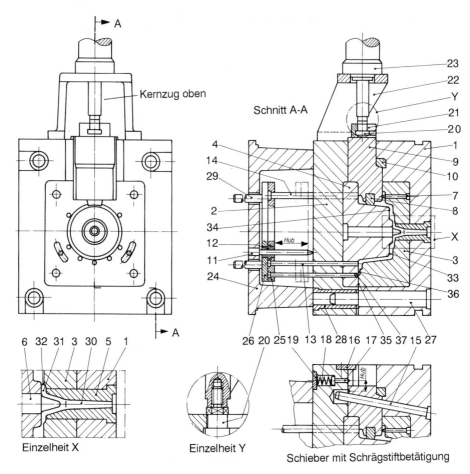

Bild 3.64: Druckgießform für Zinkteile

1 Formrahmen auf der Eingießseite, 2 Formrahmen auf der Auswerfseite, 3 Formeinsatz Eingießseite, 4 Formeinsatz Auswerfseite, 5 Eingießbüchse, 6 Verteilzapfen, 7 Kern, 8 Schieberkern, 9 Schieber, Kern, 10 Riegel, 11 Führungsbolzen, 12 Führungsbüchse, 13 Auswerfer, 14 Rückstoßer, 15 Schrägstift, 16 Anschlagplatte, 17 Federbolzen, 18 Feder, 19 Abdeckplatte, 20 Kupplungszapfen, 21 Kupplungsstück, 22 Konsole, 23 Hydraulikzylinder, 24 Auswerferkasten, 25 Auswerferplatte, 26 Auswerferdeckplatte, 27 Führungsbolzen, 28 Führungsbüchse, 29 Auswerfbolzen, 30 Eingußzapfen, 31 Gießlauf, 32 Anschnitt, 33 Formhohlraum, 34 Formfasson, 35 Formteilung, 36 Entlüftungsnut, 37 Entlüftungssack

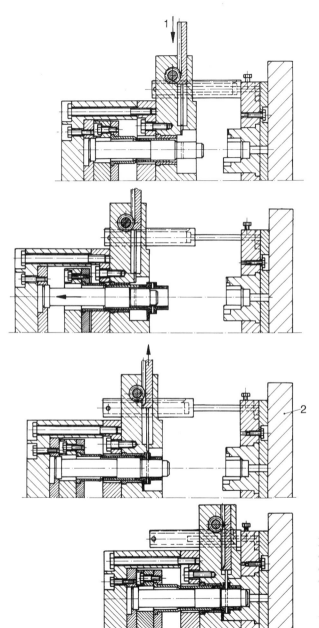

Bild 3.65: Ablauffolge für das Entformen mit Hilfe eines Zahnstange-Ritzel-Getriebes

1 Bewegungseinleitung, 2 Aufspannplatte der Druckgießmaschine

Eine Spritzgießform für das Herstellen von Zinkgegenständen, wie sie z.B. für Kleinamaturen, Instrumente und Spielwaren gebraucht werden, ist in Bild 3.64 zu sehen.

Das Bild 3.65 zeigt den Ablauf beim Entformen von Teilen mit Hinterschnitt. Die Bewegungen werden über ein Zahnstange-Ritzel-Getriebe eingebracht. In Bezug zum Öffnen der Form erfolgt die Querschieberbewegung verzögert. Dazu ist die Ritzelhülse mit entsprechendem Freihub ausgeführt.

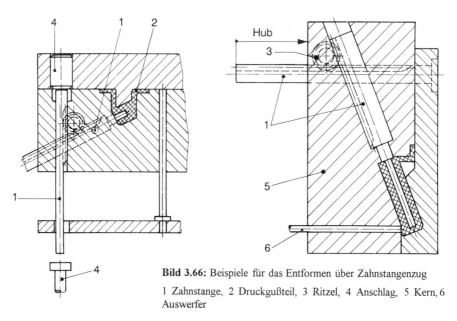

Bild 3.66: Beispiele für das Entformen über Zahnstangenzug
1 Zahnstange, 2 Druckgußteil, 3 Ritzel, 4 Anschlag, 5 Kern, 6 Auswerfer

Nicht immer läßt sich das Entformen bilderbuchmäßig einfach realisieren. Dann müssen zusätzliche technische Mittel eingesetzt werden, wie z.B. das Entformen mit einer schräg laufenden Pinole, angetrieben über ein Zahnstange-Ritzel-Getriebe (Bild 3.66).

Bei der in Bild 3.67 gezeigten Lösung wird ein Schrägbolzen für den Kernzug verwendet.

Der Anguß an Druckgußteilen samt Angußverteilung wird vom Konstrukteur der Druckgießform nach Erfahrung festgelegt. Formgebung und Verlauf bis zu den Anschnitten am Gußstück werden in der Konstruktionszeichnung vorgegeben. Der Durchmesser des Preßkuchens ergibt sich aus der Wahl der Füllbüchse. Die Länge des Preßkuchens hängt dagegen von der eingefüllten Metallmenge ab. Je genauer die Dosierung des eingefüllten Metalls, desto genauer fällt die Länge des Preßkuchens aus. Die filmartigen Anschnitte, wie sie in Bild 3.68 zu sehen sind, werden später bei der Inbetriebnahme der Form durch Nacharbeiten mehr oder weniger geöffnet.

Zur Überwachung von Bewegungen innerhalb einer Form sind Näherungssensoren oder Endtaster erforderlich (Bild 3.69). Die Anschlußkabel sind in Rohren eingeschlossen und sie werden in Schlitze der Form eingelegt und mit Kunststoff-Gießmasse vergossen. Beispiel für die Überwachung: Kontrolle einer Ausstoßerrückzugsicherung. Ein Einbaubeispiel enthält Bild 3.70. Isolierplatten werden nur dann vorgesehen, wenn sie erforderlich sind. Ein Gewindestift läßt sich so einstellen, daß das Berührungsmoment des Tasters den Bewegungszustand von Bauteilen der Form, hier der Ausstoßergrundplatte, exakt widerspiegelt. Noch etwas zu den mechanischen Daten (Schaltwege) des Elektrotasters: Gesamthub 1,7 mm, Vorlauf 1,2 mm, Differenzhub 0,4 mm, mechanische Schalthäufigkeit 30 000 Schaltungen je Stunde.

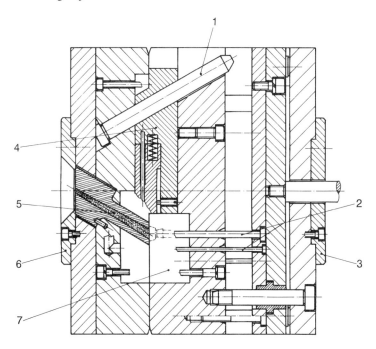

Bild 3.67: Entformung über Schrägbolzen
1 Schrägbolzen, 2 Auswerferstift, 3 Zentrierscheibe, 4 Kern, 5 Einspritzung, 6 Zentrierring, 7 Formnest

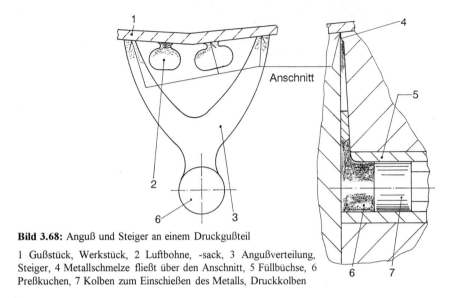

Bild 3.68: Anguß und Steiger an einem Druckgußteil

1 Gußstück, Werkstück, 2 Luftbohne, -sack, 3 Angußverteilung, Steiger, 4 Metallschmelze fließt über den Anschnitt, 5 Füllbüchse, 6 Preßkuchen, 7 Kolben zum Einschießen des Metalls, Druckkolben

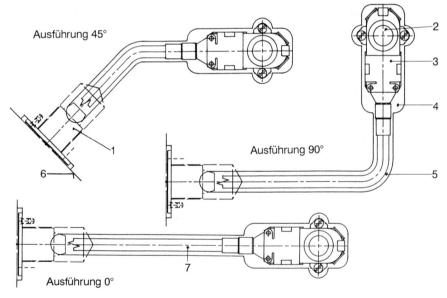

Bild 3.69: Elektrotaster zum Einbau in Druckgieß- oder Spritzgießformen (HASCO)

1 mehrpoliger Anschlußstecker, 2 Tastfläche, 3 Elektrotaster, 4 auszufräsende Tasche, 5 Nut oder Schlitz, 6 Formaußenkontur, 7 Kabelrohr

Ein anderer Kontrollvorgang wird in Bild 3.71 gezeigt. Es geht um die Überwachung des Formschließvorganges (Trennebene, Stützkanten). Längenmaßkontrollen helfen außerdem beim Einbau der Form Zeit einzusparen.

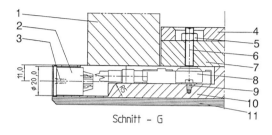

Bild 3.70: Einbaubeispiel für Elektrotaster (HASCO)

1 Leiste, 2 Flanschstecker, 3 Schraube, 4 Ausstoßerplatte, 5 Sechskantmutter, 6 Gewindestift, 7 Ausstoßergrundplatte, 8 Mikroschalter, 9 Zylinderschraube, 10 Spannplatte, 11 Isolierplatte

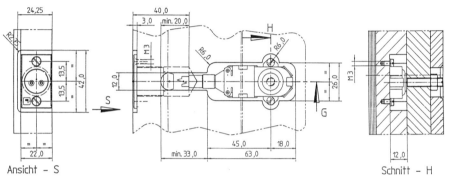

Bild 3.71: Kontrolle des Formschließvorganges

1 Anschlag, 2 bewegliche Formhälfte, 3 feste Formhälfte, 4 Kontrollvorrichtung

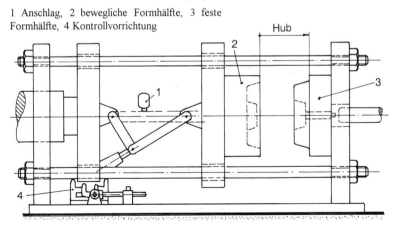

3.5 Gußstückentfernung

Gußstücke haften durch die Volumenkontraktion des Gießmetalls während der Abkühlung fest in der Form. Die Gußstückentfernung erfordert entsprechende konstruktive Berücksichtigung und Trennmittel, das vor dem Gießen auf die Formkontur gesprüht wird. Die besten Möglichkeiten zur Gußstückentfernung liegen in der beweglichen Formseite. Dort sollte auch das Gußstück in der Form aufschrumpfen. Man unterscheidet zwei Arten der Entfernung:

➜ Auswerfen und
➜ Abstreifen.

Oft sind diese Arten zu kombinieren, um mit der Gußstückgestalt zurechtzukommen. Für die Betätigung der Auswerf- und Abstreifmittel kommen feststehende Anschläge der Druckgießmaschine oder über bewegliche Elemente wirksame Arbeitszylinder in Frage.

Auswerfer

Das Bild 3.72 zeigt einen einfachen Auswerfer. Wenn die Form öffnet, verlagert sich der Auswerferkopf in Formschließrichtung.

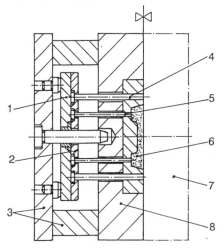

Bild 3.72: Einfacher Auswerfer

1 Auswerferplatte, 2 Auswerferhalteplatte, 3 Aufspannbock, 4 Rückstoßer, 5 Auswerfer, 6 Gußstück, 7 Aufnahmeplatte der festen Formseite, 8 Aufnahmeplatte der beweglichen Formseite

Dabei drücken die Auswerfer das Gußstück aus der Form. Die außerdem eingebauten Rückstoßerstifte haben die Aufgabe, beim Schließen der Form den Auswerferkopf wieder in die Gießstellung zurückzuschieben. Als Auswerferkopf bezeichnet man allgemein alle Bauteile in einer Druckgießform, die zum Auswerfen des Gußstücks dienen und Auswerfelemente wieder in die Ausgangsstellung zurückführen. Dazu zählen Auswerfer, Auswerferhalteplatte, Auswerfplatte, Rückstoßer, Führungselemente und Abstandsstücke.

Das Auswerfen muß zeitlich gestuft ablaufen, wenn man das Anschnittsystem und das Gußstück getrennt auswerfen will. Eine solche Form wird in Bild 3.73 dargestellt. Der Ablauf läßt sich wie folgt angeben:

Nach dem Öffnen der Druckgießform oder im Verlaufe des Öffnungshubes wird der Auswerfkopf in Formschließrichtung bewegt. Dabei wird das Anschnittsystem durch die voreilenden Auswerfstifte vom Gußstück abgebrochen und ausgeworfen. Die hintere Auswerferplatte ist nun auf die vordere Auswerferplatte aufgeschlagen, die sich jetzt auch bewegt. Mit den dort eingesetzten Auswerfstiften wird jetzt das Gußstück ausgeworfen. Es gibt auch Druckgießformen, bei denen diese Reihenfolge umgekehrt ist. Beim Schließen der Form müssen die Auswerferköpfe wieder in Gießstellung gebracht werden. Deshalb befinden sich für jede Auswerferplatte genau auf Länge abgestimmte Rückstoßerstifte in der beweglichen Formhälfte.

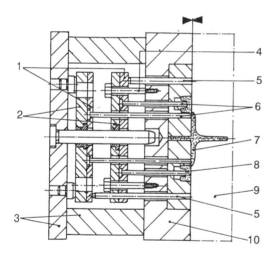

Bild 3.73: Zeitlich verzögertes Auswerfen

1 Auswerferhalteplatte, 2 Auswerfplatte, 3 Aufspannbock, 4 Anschlagschraube, 5 Rückstoßer, 6 Auswerfer, 7 Anguß, 8 Gußstück, 9 feste Formseite, 10 bewegliche Formseite

Abstreifer

Abstreifen heißt, ein Gußstück oder Spritzgußteil vom Kern herunterzuschieben. Das wird als Werkzeugbeispiel in Bild 3.74 gezeigt. Das Verfahren ist leicht zu verstehen. Kurz vor dem Ende des Öffnungshubes der beweglichen Formhälfte schlägt die Abstreif-Aufnahmeplatte gegen die feststehenden Ausstoßstangen der Druckgießmaschine. Die andere Aufnahmeplatte, die den Kern trägt, bewegt sich aber weiter, wobei das Gußstück vom Kern abgestreift wird. Die Platte wird durch Anschlagschrauben auf Abstand gehalten.

Die Form des Gußstücks kann eine zweistufige Gußstückentfernung erforderlich machen. Das Abstreifen geschieht dann zeitlich getrennt in zwei Schritten. Es ist aus Bild 3.75 erkennbar.

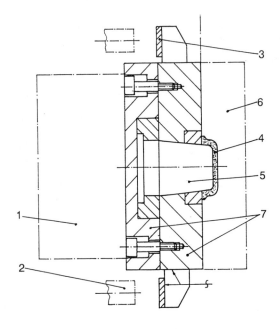

Bild 3.74: Abstreifen einfach

1 Aufspannbock, 2 Ausstoßstange, 3 Anschlagleiste, 4 Gußstück, 5 Kern, 6 Aufnahmeplatte feste Formseite, 7 bewegliche Formseite

Kurz vor Ende des Öffnungshubes der Druckgießform schlägt die Anschlagseite auf den Ausstoßstangen auf, die sich fest angebaut an der Druckgießmaschine befinden. Da sich die Öffnungsbewegung fortsetzt, wird zunächst der Mittelkern ausgezogen. Ist der durch die inneren Abstandsschrauben vorgegebene Hub erschöpft, dann wird der Außenkern zurückgezogen, so daß das Gußstück abfallen kann. Es ist nun aus der Form entfernt. Für die Funktion ist Bedingung, daß die Neigung des Mittelkernes größer ist als die des Außenkernes.In vielen Fällen ist Abstreifen und Auswerfen zu kombinieren. Auch dazu soll ein Beispiel folgen.

Abstreifen und Auswerfen

Das Bild 3.76 zeigt eine Druckgießform, die die Funktionen Abstreifen und Auswerfen in Kombination nutzt. Beim Öffnen der Form übertragen die Winkelhebel, die sich aus der Keilschräge auf der festen Formseite herausbewegen, eine Kraft gegen die Aufnahmeplatte auf der beweglichen Formseite. Dadurch kommt es zum Abstreifen des Gußstücks, unterstützt durch Auswerferstifte. Das abgestreifte Gußstück haftet nun noch mit Nocken, Naben, Rippen usw. im Einsatz. Es wird dann schließlich durch die Auswerfvorrichtung vollständig aus der Form geworfen.

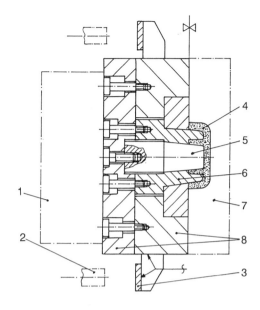

Bild 3.75: Zeitlich verzögertes Abstreifen

1 Aufspannbock, 2 Ausstoßstange, 3 Anschlagleiste, 4 Gußstück, 5 Mittelkern, 6 Außenkern, 7 feste Formhälfte, 8 Aufnahmeplatten der beweglichen Formseite.

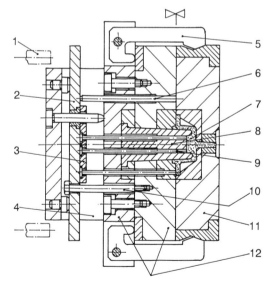

Bild 3.76: Abstreifen und Auswerfen

1 Ausstoßstange, 2 Auswerfplatte, 3 Auswerferhalteplatte, 4 Aufspannbock, 5 Winkelhebel, 6 Rückstoßer, 7 Gußstück, 8 Kern, 9 Auswerfer, 10 Anschlagschraube, 11 Aufnahmeplatte der festen Formseite, 12 Aufnahmeplatten auf der beweglichen Formseite

4 Spritzgießen von Kunststoffen

4.1 Maschine und Verfahren

Thermoplastische Kunststoffe sind durch Wärme derart plastifizierbar, daß sie sich bei Drücken von etwa 1000 bis 2000 N/cm² durch enge Kanäle pressen lassen. Die Spritzgießmaschinen haben einen elektrisch beheizten Zylinder. Darin wird der Kunststoff von einer rotierenden Schneckenspindel von der Einfüllöffnung nach vorn gegen eine vorerst verschlossene Düse gefördert, bis das dem herzustellenden Spritzteil entsprechende Volumen an plastifizierter Masse bereitsteht. Nach Unterbrechung der Drehung bewegt sich die Schnecke als Kolben nach vorn und spritzt die plastifizierte Masse in den Hohlraum eines Spritzgießwerkzeuges ein. Dort erstarrt die Masse und nach dem Öffnen des Werkzeugs wird das Teil ausgeworfen. Das Werkzeug befindet sich in der Schließeinheit der Maschine. Die Verflüssigung des Kunststoffgranulats wird über die Reibungswärme der sich drehenden Plastifizierschnecke vollzogen. Außerdem wird der Plastifizierzylinder über Heizbänder gewärmt. Das Herzstück der Spritzgießmaschine ist die in Bild 4.1 dargestellte Plastifiziereinheit.

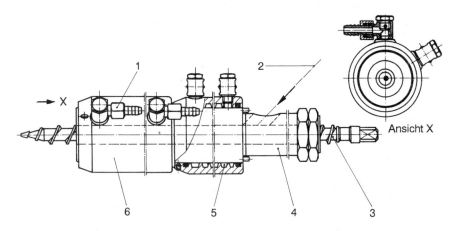

Bild 4.1: Plastifiziereinheit

1 Kühlanschluß, 2 Granulatzulauf, 3 Schnecke mit Anschluß an Schneckenantrieb und Kolben, 4 Hals, 5 Kühlung für Zylinder, 6 Heizband

Die kleinsten hergestellten Schnecken weisen einen Durchmesser von 14 mm auf. Eine weitere Reduzierung, z.B. um Kleinstteile spritzen zu können, ist bei Verwendung von Thermoplastgranulaten nicht sinnvoll, da der verbleibende

Restkerndurchmesser der Schnecke zu gering wäre und ein Abscheren der Schnecke vorkommen könnte. Bei Kleinstteilen mit Schußgewichten von 0,1 bis 1 Gramm hat man deshalb Schnecke und Einspritzkolben getrennt. Die Schnecke erledigt die Vorplastifizierung und ein sehr schlanker Kolben, der im Winkel zur Schnecke angeordnet ist, sorgt dann für das Einspritzen. Dadurch ist eine genaue Dosierung auch bei kleinen Schußvolumina gewährleistet.

Das Spritzgießen ist ein wichtiges Verfahren für die Herstellung von Fertigteilen aus Kunststoffen mit Massen von < 10 mg bis > 50 kg und Arbeitszyklen von 1 Sekunde bis zu mehr als 20 Minuten. Schwerpunkt ist das Spritzgießen von Thermoplasten.

Die Spritzlinge sollen werkstoff- und verarbeitungsgerecht gestaltet sein. Viele Regeln decken sich mit denen, die bereits beim Gießen allgemein aufgeführt wurden. Wichtig sind:

→ Gleichmäßige Wanddicke und Vermeidung von Werkstoffanhäufungen,

→ Hinterschneidungen vermeiden,

→ Entformungsschrägen nicht vergessen (0,5 bis 1° oder 1:100 in Entformungsrichtung),

→ Anguß abfallarm und nacharbeitungsarm gestalten und Qualitätseinbußen am Spritzling vermeiden,

→ Angußsystem bei Mehrfachwerkzeugen ausbalancieren (gleichzeitige Füllung) und

→ Rippen sowie Querschnittsänderungen richtig gestalten [5 und 6].

Die fabrikmäßige Kunststoffverarbeitung nahm übrigens 1910 ihren Anfang. In diesem Jahr gründete der belgische Chemiker L.H. Baekeland (1863 bis 1944) die Firma ''Bakelite'', in der er Teile aus Phenol-Preßmassen herzustellen begann. Seine Idee ist im ''Hitze- und Druck-Patent'' von 1909 niedergelegt.

Beim Spritzgießen lassen sich auch Einlageteile aus Metall mit eingießen. Sie müssen präzise im Werkzeug positioniert sein. Auch Wälzlagerringe, ja sogar ganze Wälzlager hat man schon beim Spritzgießen eingefügt. Metallteile lassen sich aber auch nachträglich noch mit Ultraschall einbetten oder mit selbstschneidenden Schrauben befestigen.

Das Bild 4.2 zeigt eine Spritzgießmaschine für Kunststoffe in ihren wichtigsten Baugruppen. Der Schließ- und Zuhaltemechanismus ist nach dem Kniehebelprinzip ähnlich wie bei den Druckgießmaschinen ausgeführt. Wird die Masse in das Werkzeug gepreßt, kommt es zur ''Werkzeugatmung''. Darunter versteht man die Vergrößerung der Werkzeughöhlung durch die Auftreibkraft der Masse. Die Schließkraft bewirkt dagegen eine Stauchung der beiden Werkzeughälften. Die Auftreibkraft mindert diese. Ist die Schließkraft zu gering, kann Masse zwischen die Werkzeughälften treten, so daß sich am Werkstück Grat und ''Schwimmhäute'' ausbilden können. Die maximale Schließkraft ist somit eine wichtige Kenngröße.

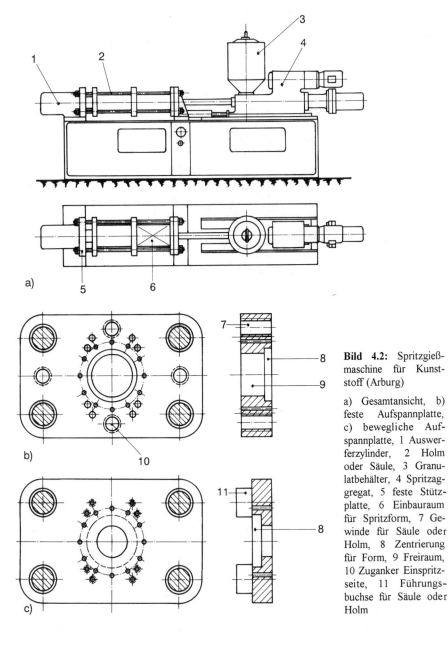

Bild 4.2: Spritzgießmaschine für Kunststoff (Arburg)

a) Gesamtansicht, b) feste Aufspannplatte, c) bewegliche Aufspannplatte, 1 Auswerferzylinder, 2 Holm oder Säule, 3 Granulatbehälter, 4 Spritzaggregat, 5 feste Stützplatte, 6 Einbauraum für Spritzform, 7 Gewinde für Säule oder Holm, 8 Zentrierung für Form, 9 Freiraum, 10 Zuganker Einspritzseite, 11 Führungsbuchse für Säule oder Holm

Die Arbeitsweise einer Spritzgießmaschine kann man in 4 Phasen einteilen (Bild 4.3):

In der ersten Phase fährt die Spritzeinheit vor, so daß Zylinderkopf und Angießbuchse dicht am Düsenradius schließen. Der Spritzkolben steht auf halben Weg, so daß sich die Form mit Nest schon etwas gefüllt hat. Der steigende Druck kann am Manometer abgelesen werden. Man sieht, daß sich auch der Steuernocken auf halben Weg zwischen den Endtastern befindet.

In der Phase 2 sind Form und Nest durch Schneckenhub und vorherige Schneckendrehung mit plastifizierter Masse gefüllt. Der Spritzkolben hat das Ende seines Weges erreicht und der Steuernocken hat den Endtaster betätigt. Am Manometer sind der volle Druck und der Nachdruck ablesbar. Heizbänder halten die Spritzmasse flüssig. In der Form beginnt der Erstarrungsvorgang. Nach einer entsprechenden Abkühlzeit beginnt die Phase 3.

Die Form mit Nest öffnet sich, der Kniehebelmechanismus ist entspannt. Die Spritzeinheit fährt zurück. Dabei reißt der Anguß vom Spritzteil am Düsenaustritt ab. Kolben mit Schnecke sind in der Endlage "hinten" angekommen. Der Druck ist abgefallen, was am Manometer ablesbar ist.

In der Phase 4 ist der Auswerfer ausgefahren und das Teil kann im freien Fall das Werkzeug verlassen. Allerdings muß das nicht sein. Das Spritzteil kann auch von einer Handhabeeinrichtung aufgenommen und in Maschinennähe geordnet abgelegt werden. Es gibt auch komplizierte und empfindliche Teile, die man in einer Vorrichtung ablegt, damit sie dort verzugs- und verwindungsfrei vollends erkalten können. Die Heizbänder lassen sich übrigens einzeln ansteuern, so daß ein günstiges Temperaturprofil eingestellt werden kann. Die konstruktive Ausführung eines Antriebs einer Kolbenschnecke sieht man in Bild 4.4. Die Drehbewegung der Plastifizierschnecke wird über ein Schneckengetriebe aufgebracht. Ein hydraulischer Preßkolben erzeugt eine Vortriebskraft. Die Kolbenschnecke ist im Kolben gegen ein Drucklager abgestützt, weil sie sich drehen muß.

Als nächstes soll etwas über die Spritzdüsen gesagt werden. Während der Füll- und Nachdruckphase stellt die Düse eine druckdichte Verbindung zwischen Plastifiziereinheit und Werkzeug her.

Am einfachsten ist die offene Düse aufgebaut (Bild 4.5a). Der Fließwiderstand ist klein. Werden dünnflüssige Massen verarbeitet, verwendet man Verschlußdüsen. Sie verhindern das Heraustropfen von Masse aus der Düsenöffnung, ermöglichen aber auch den Dosiervorgang, wenn Düsen und Werkzeug getrennt sind. Die Nadelverschlußdüse öffnet nur unter der Wirkung des Massedrucks, welcher die Nadel gegen die Kraft der eingebauten Feder verschiebt.

Schieberverschlußdüsen geben den Durchlaß für die Masse erst dann frei, wenn der Kopf der Düse gegen die Kraft einer Feder nach hinten verschoben wird.

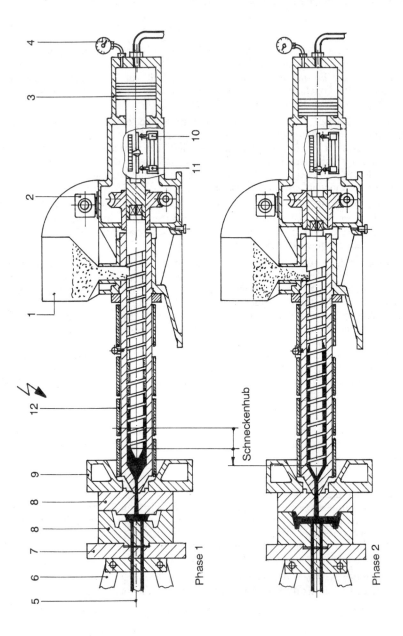

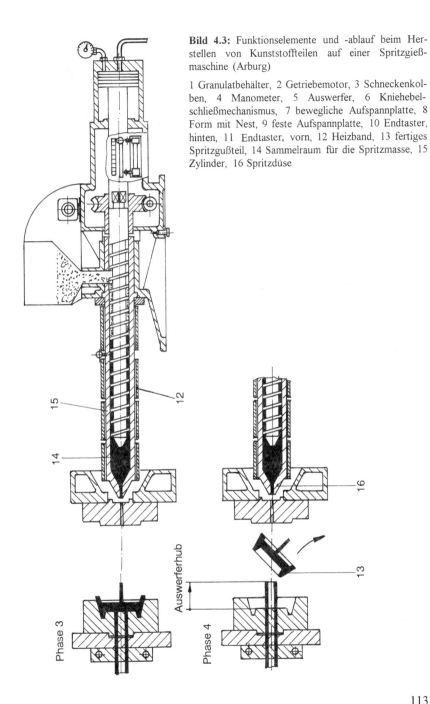

Bild 4.3: Funktionselemente und -ablauf beim Herstellen von Kunststoffteilen auf einer Spritzgießmaschine (Arburg)

1 Granulatbehälter, 2 Getriebemotor, 3 Schneckenkolben, 4 Manometer, 5 Auswerfer, 6 Kniehebelschließmechanismus, 7 bewegliche Aufspannplatte, 8 Form mit Nest, 9 feste Aufspannplatte, 10 Endtaster, hinten, 11 Endtaster, vorn, 12 Heizband, 13 fertiges Spritzgußteil, 14 Sammelraum für die Spritzmasse, 15 Zylinder, 16 Spritzdüse

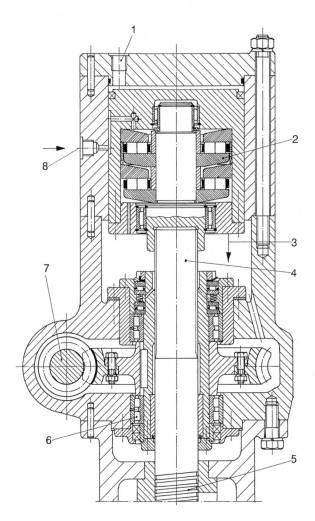

Bild 4.4: Antrieb einer Kolbenschnecke im Spritzaggregat (Arburg)

1 Druckölanschluß für Vorlauf zum Spritzen, 2 Drucklager, 3 Hubbewegung, 4 verzahntes Kolbenstangenende, 5 Schnecke, 6 Wälzlagerung für Kolbenschnecke, 7 Schneckenwelle, 8 Schmieranschluß für Drucklager

Der Spritzablauf bei Verwendung einer Schiebeverschlußdüse wird in Bild 4.6 gezeigt. Erst nach dem dichten Aufsetzen auf das Werkzeug kommt der Spritzmassefluß in Gang.

Das Zusammenwirken einer offenen Düse mit der Angießbuchse ist in Bild 4.7 erkennbar. Der Angußkanal sitzt in einer Kanalplatte und führt zu den Anschnitten. Ebenso ist die Düse ein Extrateil des Zylinderkopfes. Der Zylinderkopf ist das Stück des Zylinders, in dem die Schneckenspitze liegt. Kontaktstelle beim Spritzen sind Düsenradius und Angießbuchsenradius. Der Düsenradius wird etwas kleiner gehalten als der Radius der Angießbuchse. Dadurch konzentriert sich auch die Dichtfläche unmittelbar um die Höhlung der Angießbuchse. Dabei erhöht sich auch die Flächenpressung, was die Dichtheit verbessert. Man spricht hier auch vom Ankoppelsitz.

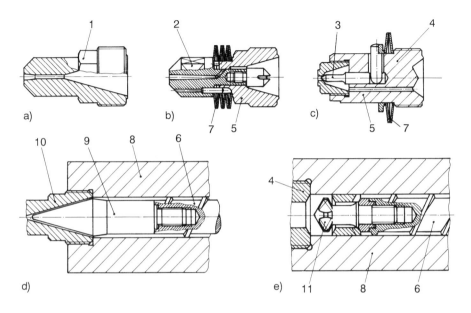

Bild 4.5: Verschiedene Spritzdüsen und Schneckenköpfe

a) offene Düse, b) Schiebeverschlußdüse, c) Nadelverschlußdüse, d) Schneckenkopf für die Verarbeitung von Hart-PVC, e) Schneckenkopf mit Wirbelaufsatz, 1 Sechskant, 2 Schlüsselfläche, 3 Nadel geschlossen, 4 Gesamtdüse auswechselbar, 5 Düsenkörper, 6 Plastifizierschnecke, 7 Tellerfeder, 8 Zylinder, 9 Schneckenspitze, 10 Düsenteilstück, 11 Wirbelkopf, wahlweise einsetzbar

Die Schließeinheit einer Spritzgießmaschine arbeitet hydraulisch, unter Nutzung eines Kniehebelgetriebes. Die hydraulische Einheit wird in Bild 4.8 vorgestellt. Angekoppelt ist ein Tastanschlag, der das Ende des Schließhubes signalisiert. Die Kniehebelmechanik wird mit dem Anschlußauge am Ende der Kolbenstange befestigt.

Das Granulat gelangt aus einem Bunker in den Plastifizierzylinder. Ein Beispiel für einen solchen Bunker zeigt das Bild 4.9. Die Nachlaufmenge läßt sich mit Hilfe eines von Hand einstellbaren Schiebers einstellen. Es gibt auch Anlagen, bei denen viele Spritzgießmaschinen über ein Rohrleitungssystem an einen zentralen großen Bunker angeschlossen sind. Die Zuführung erfolgt dann durch pneumatische Förderung. Kunststoffgranulat ist nicht kohäsiv und läßt sich deswegen gut fördern und es läuft auch aus Bunkern mit flachem Auslaufkonus gut aus [19].

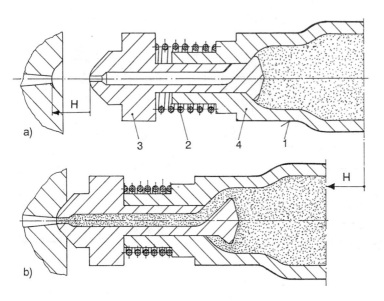

Bild 4.6: Spritzablauf bei der Schiebeverschlußdüse
a) Spritzmasse gesperrt, b) Spritzmassekanal offen, 1 Heizband, 2 Feder, 3 bewegliches Teil aus Kupfer, 4 Düsenkörper, H Hub der Plastifiziereinheit beim Andocken an die Angießbuchse

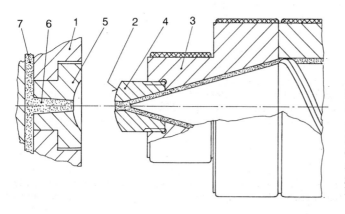

Bild 4.7: Offene Düse mit Angießbuchse

1 Spritzgießwerkzeug, 2 Düsenradius, 3 Zylinder, 4 offene Düse, 5 Angießbuchse, 6 Angußkegel, 7 Angußkanal

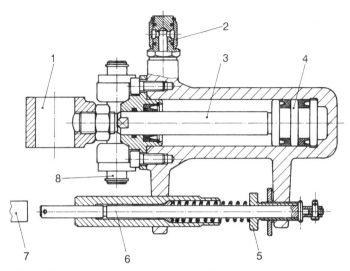

Bild 4.8: Hydraulischer Antrieb für die Schließeinheit

1 Anschlußauge für Kniehebelgetriebe, 2 drehbarer Hydraulikanschluß, 3 Kolbenstange, 4 Kolben, 5 Stellmutter, 6 Tastanschlag, 7 Anschlag, 8 Aufhängung

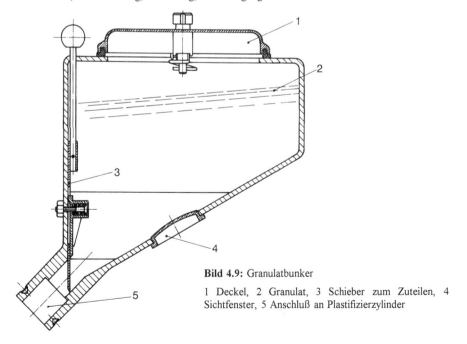

Bild 4.9: Granulatbunker

1 Deckel, 2 Granulat, 3 Schieber zum Zuteilen, 4 Sichtfenster, 5 Anschluß an Plastifizierzylinder

Zur Unterstützung des problemlosen Entformens werden Formen mit Trennmittel (Öl, Trennemulsion, eventuell auch Wasser) ausgesprüht. Das dient auch zum Schmieren der Kernzüge. Die Sprühdüse fährt die Form an. Dann wird in der Düse das Trennmittel-Luftgemisch bereitet und eingesprüht. Ein Ausführungsbeispiel wird in Bild 4.10 gezeigt.

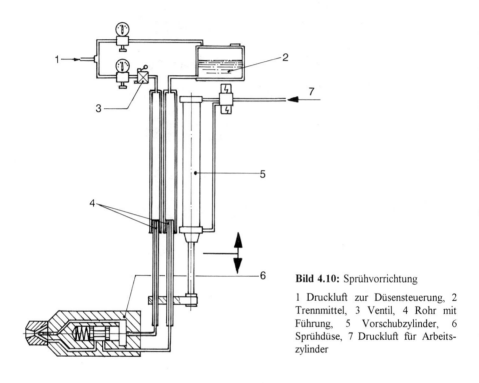

Bild 4.10: Sprühvorrichtung

1 Druckluft zur Düsensteuerung, 2 Trennmittel, 3 Ventil, 4 Rohr mit Führung, 5 Vorschubzylinder, 6 Sprühdüse, 7 Druckluft für Arbeitszylinder

Übrigens werden auch Wachsmodelle für das Feingießen von Metallen auf eigens dafür hergestellten Spritzgießformen hergestellt. Sie werden dann zu Trauben montiert, in mehreren Gängen besandet und getaucht, so daß sie schließlich mit einer Kermikhülle umgeben sind. Dann wird das Wachs ausgeschmolzen und flüssiges Metall in die so entstandene und vorher gebrannte Form gegossen.

Die Herstellung von zweischichtigen Spritzgußteilen erfordert Maschinen mit 2 Spritzeinheiten. Der Prozeßablauf wird in Bild 4.11 erläutert. Die Masseströme werden durch eine besondere Düse gesteuert. Der Vorteil dieses Verfahrens besteht vor allem darin, daß Haut und Kern eines Werkstücks verschiedene Eigenschaften haben können. Das bedeutet natürlich auch, daß der Kern aus billigeren, auch andersfarbigen, Regenerat bestehen kann, was die Kosten senkt. Ein Regeneratkern kann etwa 40 bis 60% des Formteilgewichts betragen.

Beim Mehrkomponentenverfahren unterscheidet man übrigens 2 Fälle:

→ Materialien die kompatibel sind und sich beim Spritzgießen zu einem festen Teil verbinden und
→ nichtkompatible Materialien, die folglich keine Verbindung eingehen.

Der letztgenannte Fall ist für die Montage recht interessant, denn man kann z.B. Gelenke mit beweglichem Element in einem Arbeitsgang spritzen, ohne daß nachträglich noch Montageoperationen anfallen.

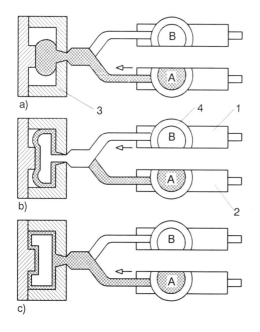

Bild 4.11: Ablauf beim Zweikomponenten-Spritzgießen

a) Einspritzen des Hautmaterials des Spritzgußteils, b) Einspritzen des Kernmaterials, c) Nachspritzen der Haut zum Verschließen, 1 Spritzgießeinheit für Material B, 2 Spritzgießeinheit für Material A, 3 Form, 4 Granulatbunker

4.2 Angußarten und Verteiler

4.2.1 Übersicht und angußlose Werkzeuge

Anguß und Verteiler sind konstruktive Komponenten, um das verflüssigte Material zum Formhohlraum zu leiten. Die sich dabei in den Kanälen abspielenden Fließvorgänge sind kompliziert und die richtige Gestaltung basiert weitgehend auf Erfahrungen. Das Strömen dickflüssiger Materialien folgt nicht ohne weiters den bekannten Strömungsgesetzen.
Die Angußwege sollen folgenden Regeln entsprechen [7]:

→ Die fließende Masse soll die einzelnen Anschnitte der Kunststoffteile gleichzeitig erreichen.
→ Die Formhohlräume sollen gleichzeitig gefüllt werden.
→ Das Erstarren der Masse im Anschnitt der einzelnen Formhohlräume soll gleichzeitig geschehen.

Die Begriffe Anguß, Anschnitt und Verteiler werden wie folgt verwendet:
Anguß: Verbindung zwischen Spritzdüse und Anschnitt oder Verteiler. Es gibt verschiedene Angußarten.
Anschnitt: Verbindungskanal zwischen Form (Werkstück) und Anguß oder Verteiler, ein "Angußsteg".
Verteiler: Kanal zum Verzweigen des Massestromes zu verschiedenen Formnestern. Er kann als Angußverteiler bezeichnet werden (Bild 4.12).

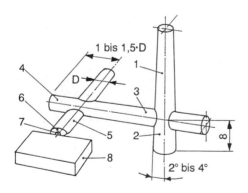

Bild 4.12: Bezeichnungen am Angußsystem

1 Angußkegel, 2 Angußzieher, 3 Angießkanal, 4 Fortsetzung zur Aufnahme des kalten Pfropfens, 5 Angußverteiler, 6 Stauboden, 7 Angußsteg = Anschnitt, 8 Formnest, Teil

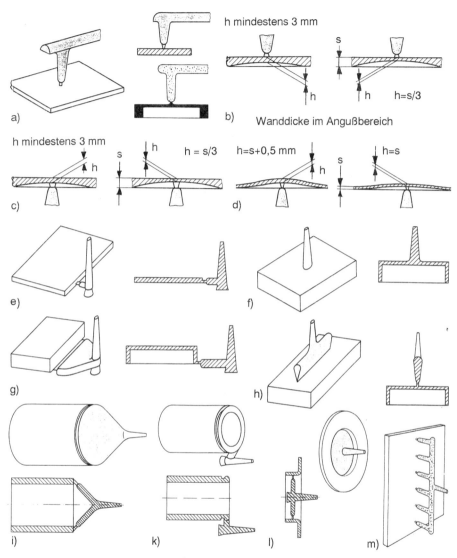

Bild 4.13: Angußarten für Kunststoffspritzteile [21]

a) Punktanschnitt, b) Punktanschnitt auf Kalotte, c) Punktanschnitt in Kalotte, d) Punktanschnitt am dünnwandigen Teil, e) seitlicher Angußkegel mit Hinterschliff, f) Stangenanguß, g) seitlicher Anguß, Filmanguß, h) zentraler Schwertanguß, i) Schirm-, Trichteranguß, k) Ringanguß, l) Scheibenanguß, m) Mehrfachpunktanguß bei einer Platte

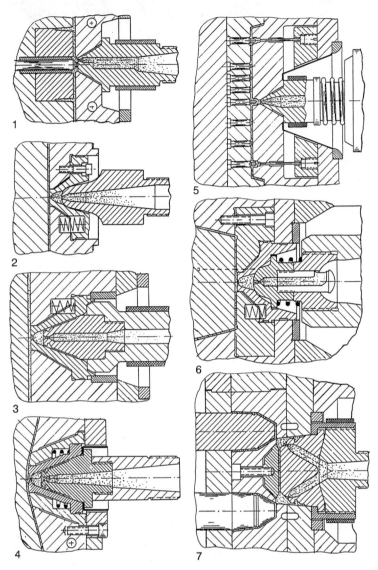

Bild 4.14: Vorschläge für die konstruktive Gestaltung angußloser Spritzgießwerkzeuge [14]

1 Doppel- oder mehrfach angußlose Anspritzung, 2 Vorkammer-Punktanguß mit Abreißdüsenplatte, 3 angußlose Anspritzung mit Vorkammer, 4 Punktanguß mit Abriß, 5 Zentralpunktanguß mit Abriß bei der Entformung, 6 Vorkammer-Punktanguß mit Schiebeverschlußdüse, 7 doppelt angußlose Lösung mit Vorkammern

Die Angußarten lassen sich in folgende Gruppen unterscheiden:

→ Angüsse, die am Spritzteil verbleiben und später zerspanend entfernt werden.
→ Angüsse, die beim Entformen abgetrennt und gesondert enformt werden und
→ Angüsse, die beim Entformen abgetrennt werden, aber ständig im Werkzeug verbleiben. Das bezeichnet man auch als angußloses Spritzgießen.

Die Art des Angußsystems richtet sich im Einzelfall nach den zu verarbeitenden Kunststoff (Thermoplast, Duroplast, Elastomer), nach der Produktionsstückzahl und nach den speziellen Gegebenheiten bzw. Möglichkeiten des Formteils. Einen Überblick über die Vielzahl der Angußarten gibt das Bild 4.13.

Um das Mindestschußvolumen der jeweiligen Spritzgießmaschine einzuhalten, bedient man sich in der Regel eines entsprechend großen Angußsystems. Ein weiterer zur Zeit verfolgter Ansatz besteht darin, Formnester direkt anzuspritzen. Die Heißkanaldüse taucht direkt in das Stammwerkzeug ein (Bild 4.14). Es wird nur das Formteil ohne Angußsystem spritzgegossen. Dadurch läßt sich der Angußabfall deutlich senken. Beim Punktanguß mit Vorkammer arbeitet die Maschine mit ständig anliegender Düse. Bei genügend schneller Schußfolge ergibt sich in der Kammer eine "plastische Seele", also ein schmelzflüssiger Kern, der beim nächsten Spritzzyklus durchspritzt wird. Teilweise erkennt man in Bild 4.14 an der Vorkammerdüse Haltenuten für das Vorkammer-Materialvolumen.

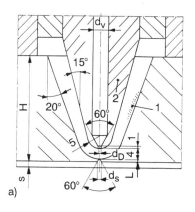

$s \leq 2{,}5$ mm

$d_V = 1{,}3 \cdot 4$ oder $d_V \geq 6$ mm

$d_S = 0{,}6 \cdot s;\ 0{,}6 \leq d_S \leq 1{,}2$ mm

$d_D = d_S + 0{,}5$ mm

$L = 0{,}8$ bis $1{,}0$ mm

$H \leq 40$ mm

Bild 4.15: Isolierte Heißläuferdüse mit Punktanguß
a) Düsenform, b) Richtwerte, 1 isolierende Kunststoffschicht aus wärmestabilisierten Polyamid, 2 CuBe als Werkstoff

Man unterscheidet bei den angußlosen Systemen folgende Arten:

→ Außenbeheizte Heißkanalsysteme (Heizelement befindet sich in einer Heißkanalplatte),
→ innenbeheizte Heizkanalsysteme,
→ Isolierkanalsysteme und
→ modifizierte Isolierkanalsysteme.

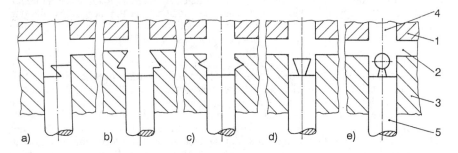

Bild 4.16: Arten von Hinterschneidungen bei Anguß, Drückstiften und Haltekanälen

a) Angußdrückstift mit Z-Halteprofil, b) Angußkanal mit konischem Profil, c) Angußkanal mit eingestochener Ringnut, d) Angußdrückstift mit konischem Halteprofil, e) Stift mit Kugelprofil, 1 Angußkanalplatte, 2 Verteilerkanal, 3 Formeinsatzplatte, 4 Angußkanal, 5 Drückstift

Am häufigsten findet man außen- und innenbeheizte Heißkanalsysteme vor. Die Ausführung einer isolierten Heißläuferdüse mit Punktanguß wird in Bild 4.15 gezeigt. Isolierkanalsysteme erlauben meist eine sanftere Verarbeitung der Kunststoffe, da die Fließwege mit Kunststoff ausgekleidet (isoliert) sind. Durch Wärmeisolation (Luftspalte) und genügend großen Querschnitt erreicht man, daß die Isolierkanäle durchspritzt werden können. Das Prinzip ist nur für thermisch stabile Spritzgießmassen geeignet. Bei Einfrieren des Angießkanals muß eine schnelle Demontage und Entformung möglich sein.

In vielen Fällen läßt man den Kegelanguß in einer Hinterschneidung enden. Es ergibt sich so ein ''Angußzieher'', der bewirkt, daß der Anguß mit dem Spritzling auf der beweglichen Werkzeughälfte bis zum Ausstoßen verbleibt. Möglichkeiten für solche Hinterschneidungen zeigt das Bild 4.16.

In Bild 4.17 werden Beispiele für die Angußabtrennung während des Auswerfvorgangs oder beim Formöffnungshub dargestellt. Das erlaubt die automatische Trennung von Formteil und Angußabfall. Geeignete Anschnitte sind Tunnel- und

Punktanschnitte. Andere Anschnittvarianten wie Stangen-, Band-, Film- oder Schirmangüsse müssen nach dem Entformen manuell oder maschinell abgetrennt werden.

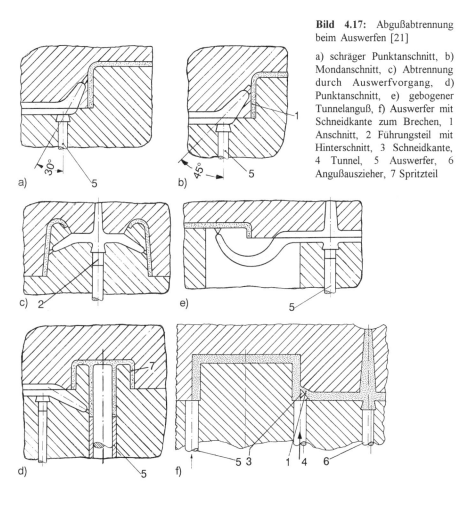

Bild 4.17: Abgußabtrennung beim Auswerfen [21]

a) schräger Punktanschnitt, b) Mondanschnitt, c) Abtrennung durch Auswerfvorgang, d) Punktanschnitt, e) gebogener Tunnelanguß, f) Auswerfer mit Schneidkante zum Brechen, 1 Anschnitt, 2 Führungsteil mit Hinterschnitt, 3 Schneidkante, 4 Tunnel, 5 Auswerfer, 6 Angußauszieher, 7 Spritzteil

Zum Ziehen des Angußkegels können Auswerfer mit Kegelhinterschnitt oder Angußkralle eingesetzt werden. Die maßliche Auslegung der Angußkralle kann aus Bild 4.18 abgelesen werden. Beide Auswerfer sind in Bild 4.19 in einem Anwendungsbeispiel dargestellt. Beim Öffnen der Form (I) wird der Angußkegel gezogen, weil er durch die Kralle oder einen Hinterschnitt in der beweglichen Formhälfte gehalten wird. Die zweite Entformung (II) erfolgt mittels Abstreiferplatten durch eine Zug- oder Stützklinke. Auf diese Weise werden Anguß und Werkstück voneinander getrennt.

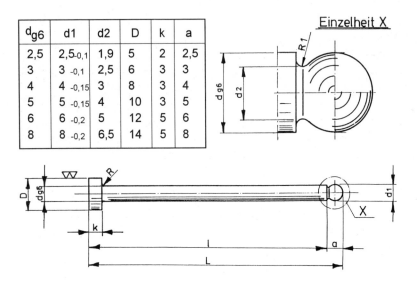

d_{g6}	d1	d2	D	k	a
2,5	2,5 -0,1	1,9	5	2	2,5
3	3 -0,1	2,5	6	3	3
4	4 -0,15	3	8	3	4
5	5 -0,15	4	10	3	5
6	6 -0,2	5	12	5	6
8	8 -0,2	6,5	14	5	8

Bild 4.18: Maßliche Gestaltung der Angußkralle bei Abstreiferformen (Abmessungen in mm)

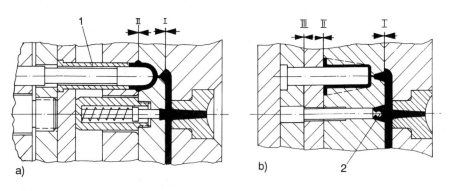

Bild 4.19: Ziehen der Angüsse bei der Entformung

a) Angußkegel mit Hinterschnitt, b) Angußkralle, 1 Hülsenauswerfer, 2 Kralle, I Hub der Formteilung, II Hub der Abstreiferplatte, III Auswerferhub

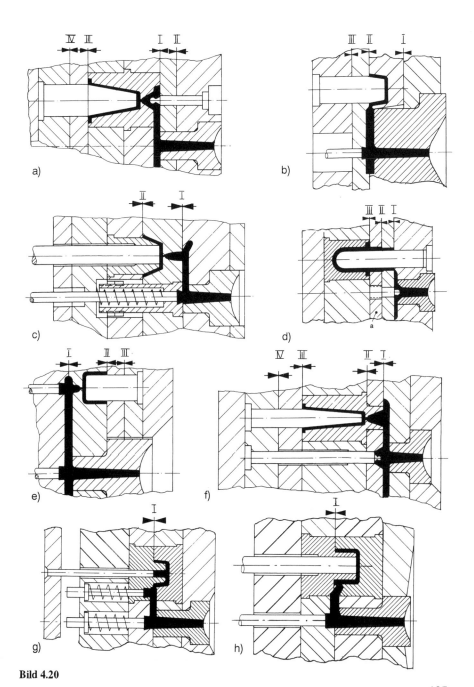

Bild 4.20

Bild 4.20 (vorherige Seite): Abreißpunktanguß mit bis zu 4 Entform-Wegen [21]

a) Anguß wird vom Werkstück bei Entformung getrennt, b) Anguß wird mit Kegel-Hinterschnitt aus der Form gezogen, c) Kegelhinterschnitt am Anguß, d) Kralle in der Abstreiferplatte, e) Abriß bei I, f) Abriß bei II, g) abgefederter verzögerter Auswerfer, h) Ausstoß von der beweglichen Seite aus; I Entformung an der Formteilung, II Entformung mit Zug- oder Stützklinke durch die Abstreiferplatte während des Hubes bei der Formöffnung, III Entformung über die Auswerfer vom Zentralauswerfer aus der Spritzgießmaschine oder mit Druckluftunterstützung, IV Abstreiferhub

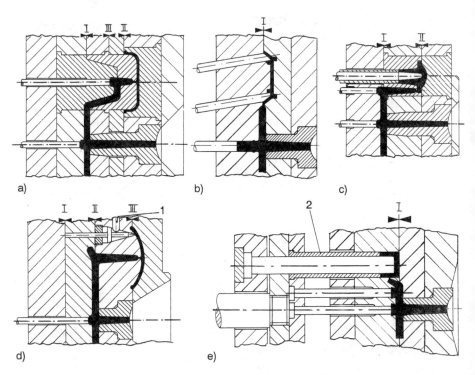

Bild 4.21: Beispiele für die Gestaltung von Abreißpunkt-Angüssen [21]

a) 3 Wege-Entformung, b) Abriß beim Öffnen der Form, c) Abriß bei Ausstoß, d) Entformen mit Druckluftunterstützung, e) Anguß verbleibt als Spinne, 1 Druckluftanschluß, 2 Hülsenauswerfer, I Hub der Formteilung, II Hub der Abstreiferplatte, III Auswerferhub

Das Bild 4.20 zeigt einige Gestaltungslösungen für Angüsse mit Abreißpunkt mit bis zu 4 Entformungswegen. Abstreifer und Ausstoßer sorgen beim Entformen dafür, mittels Zug- und Stützklinke, daß sich der Anguß vom Werkstück löst und auch das

Werkstück schließlich ausgeworfen wird. Weitere Beispiele enthält das Bild 4.21 Bei der Lösung nach Bild 4.21e verbleibt der Anguß zunächst als Spinne. Das Werkstück wird von einem Hülsenauswerfer auf der Formpinole entfernt. Zuletzt wird der Gießrest ausgestoßen.

4.4.2 Punktanguß

Der Punktanguß wird meistens als Abreißpunktanguß ausgeführt und vor allem bei Mehrfachwerkzeugen angewendet. Die mehrfache Anspritzung erlaubt die Herstellung großflächiger dünnwandiger Teile. Man benötigt ein Dreiplattenwerkzeug mit 2 Trennstellen. Zuerst öffnet die 1. Trennebene und die auf der auswerferseitigen Platte haftenden Spritzlinge werden an den Punktanschnitten vom Anguß abgerissen. Nach Öffnen der Trennebene II folgt die Entformung des Angusses. Das Bild 4.22 zeigt den Maßaufbau und Bild 4.23 einige Beispiele. Beim Tunnelanguß nach Bild 4.22b wird das Teil bei der Formöffnung vom Anguß getrennt.

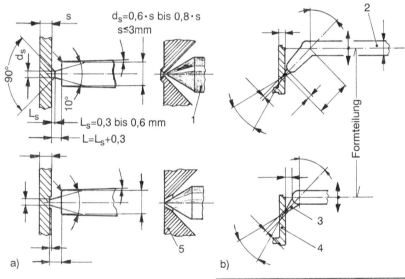

Bild 4.22: Maßaufbau für einen Punktanguß

a) Punktanguß, b) Tunnelanguß mit Abreiß-Punkt, c) Richtwerte, 1 beheizte Spritzdüse, 2 Anschnitt mit Massekanal, 3 Anschnitt, 4 Spritzgußteil, 5 Düsenkörper

Formteilmasse in Gramm	d_s in mm
bis 10	0,6 bis 0,8
10 bis 20	0,8 bis 1,2
20 bis 40	1,0 bis 1,8
40 bis 150	1,2 bis 2,0
150 bis 300	1,5 bis 2,6
300 bis 500	1,8 bis 2,8

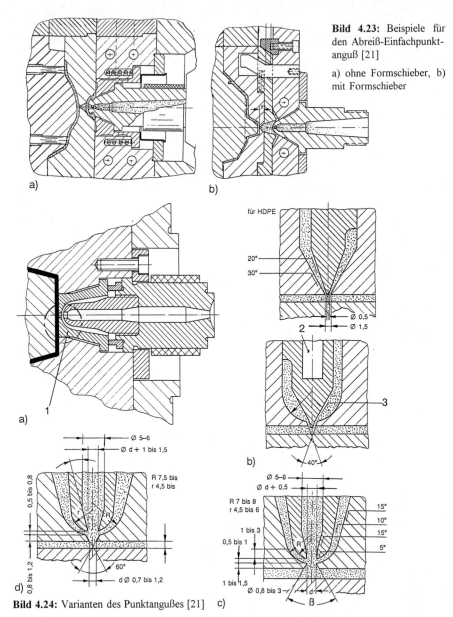

Bild 4.23: Beispiele für den Abreiß-Einfachpunktanguß [21]

a) ohne Formschieber, b) mit Formschieber

Bild 4.24: Varianten des Punktangußes [21]

a) Heißkanalpunktanguß, b) Punktanguß mit ringförmigem Anschnitt, c) konischer Angußpunkt, wobei am Spritzteil ein Zäpfchen verbleibt, d) verkehrt konischer Angußpunkt, wobei der Abriß direkt am Spritzteil erfolgt, 1 Einfacher Heißkanalpunktanguß, 2 Heizpatrone, 3 Spritzmasse

Das Bild 4.23a zeigt einen Punktanguß mit konischem oder verkehrt konischem Angußpunkt und abgefedertem Düsenkopf zum Abriß nach Zuteilung. Im Bild 4.23b ist ein Punktanguß zum Abriß bei der Entformung zu sehen.

In Bild 4.24 sieht man typische Punktangußvarianten. Beim konischen Anguß verbleibt ein kleines Zäpfchen am Spritzteil. Beim verkehrt konischen Angußpunkt erfolgt der Abriß direkt am Spritzteil. Einige spezielle Punktanguß-Lösungen zeigt das Bild 4.25.

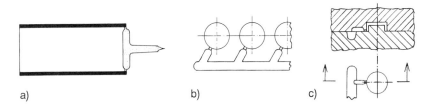

Bild 4.25: Punktangußvarianten

a) mehrfacher Punktanschnitt an einem Rohrkörper, b) Punktanguß in Reihe, c) Punktanguß auf der Trennebene

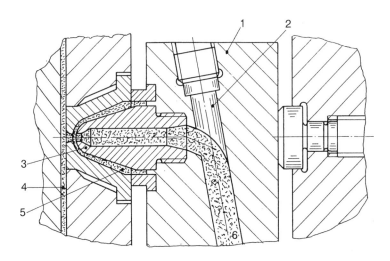

Bild 4.26: Heißkanalpunktanguß [21]

1 Kanalplatte, 2 Formstück zur Masseumlenkung, 3 Kupferspitze, 4 Spritzteil, 5 Isolierschicht, 6 Spritzmasse

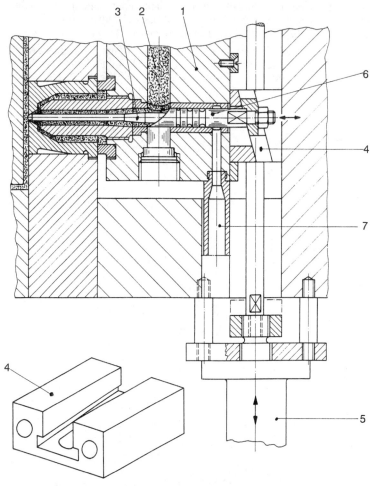

Bild 4.27: Heißkanalpunktanguß mit Nadelverschlußdüse [21]

1 Verteiler oder Kanalplatte, 2 Hauptmassekanal, 3 Nadel, 4 Kulisse für Nadelbetätigung, 5 Arbeitszylinder-Anguß, 6 Kühlung für Masseumlenkung und Verschluß des Massekanals, 7 Kühlkanal

Das Bild 4.27 enthält einen Punktanguß mit Verschluß durch eine Düsennadel. Die Nadel wird über einen Keilschieber zur Umlenkung der Bewegung von einem Arbeitszylinder bewegt. An der Stelle der Masseumlenkung wird gekühlt.

4.2.3 Tunnelanschnitt

Der Tunnelanschnitt erfordert als allgemeiner Anschnitt den geringsten werkzeugtechnischen Aufwand von allen selbstabtrennenden Angüssen. Er wird von der zentralen Angußstelle kommend, bis nahe an die Formhöhlung geführt (Bild 4.28) und hat bei der Herstellung kleiner Formteile in Mehrfachwerkzeugen, die seitlich angespritzt werden können, große Bedeutung. Das Werkzeug benötigt nur eine Trennebene. Beim Öffnen wird der Anguß an der durch Tunnel und Seitenwand des Werkzeugs gebildeten Kante abgeschert. Die Maße X, Y und Z sowie der Winkel ß sind vom Spritzteil abhängig. Sie müssen im Detail eingetragen sein. Ein Werkzeug mit Tunnelanguß und Stauboden ist in Bild 4.29 zu sehen. Der Stauboden bringt eine gute Verwirbelung der Spritzmasse, wodurch sich im Spritzteil ein dichtes Gefüge ergibt. Er sollte angestrebt werden. Auch bei einer kleiner Durchbruchfläche kann der Kegelstumpf relativ groß gewählt werden. Dadurch wird der Druckabfall im Tunnel sehr gering und die plastische Seele bleibt länger erhalten, so daß eine längere Nachdruckzeit ermöglicht wird.

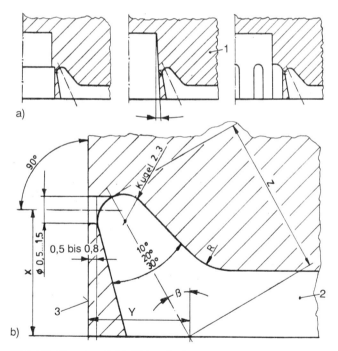

Bild 4.28: Tunnelanschnitt (Heinzerling)
a) Ausführungen, b) Maßbild, 1 Form, 2 Angußverteiler, 3 Formteilung

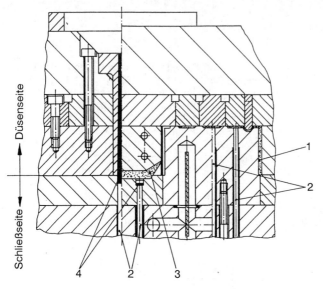

Bild 4.29: Tunnelanschnitt mit Stauboden

1 Spritzgußteil, 2 Auswerfer, 3 Tunnelanschnitt mit Stauboden, 4 Hinterschnitt zum Ausziehen des Angusses

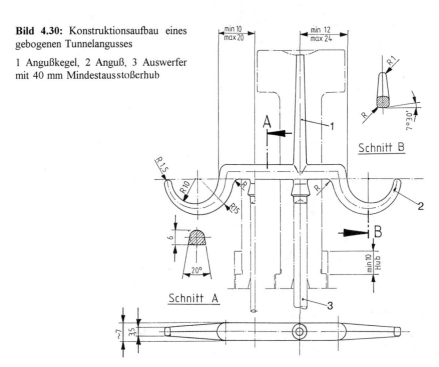

Bild 4.30: Konstruktionsaufbau eines gebogenen Tunnelangusses

1 Angußkegel, 2 Anguß, 3 Auswerfer mit 40 mm Mindestausstoßerhub

In Bild 4.30 wird der Maßaufbau eines Tunnelangußes erläutert. Eine Angußkralle oder eine Kegelhinterschneidung sind erforderlich, damit der Angußkegel mit ausgezogen wird. Der Mindesthub des Ausstoßers sollte bei 40 mm liegen. Wie das Bild 4.31 zeigt, verbiegt sich der noch weiche Angußrest beim Auswerfen des Angusses.

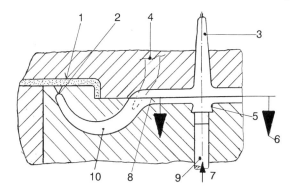

Bild 4.31: Tunnelanguß, gebogen

1 Spritzgießteil, 2 Anschnitt, 3 Angußkegel, Spritzdüsenseite, 4 Anguß beim Auswerfen, 5 Angußkralle oder Hinterschnittschliff, 6 Öffnungshub der Form, 7 Auswerferhub, 8 Formteilung, 9 Auswerfer, 10 Tunnelanguß

4.2.4 Rechteck-, Scheiben- und Schirmanguß

Diese Angußart wird bei rotationssymmetrischen Teilen mit einseitiger Halterung des Kerns verwendet. Bei ringförmigen Teilen oder hülsenartigen Spritzlingen mit beidseitiger Kernhalterung ist der Ringanguß von Vorteil. Der Anguß vermeidet Bindenähte und Kernversatz. Sie entstehen, wenn zwei getrennte Schmelzströme zusammenfließen, z.B. wenn Kerne in einem Spritzgießwerkzeug von einer Seite her umströmt werden. Je nach Temperatur und Druck der Schmelze ergibt sich eine mehr oder weniger gute Verschweißung des Materials. Bindenähte sind von verminderter Festigkeit. Ein Kernversatz kann sich ergeben, wenn ein Kern nicht gleichmäßig umströmt und durch einseitige Kräfte verschoben wird. Zur Bemessung des Angusses gibt das Bild 4.32 Auskunft.

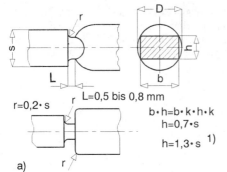

Formteilmasse in Gramm	Abmessung b × h in mm
bis 10	2,0 × 1,0 bis 3,0 × 2,0
10 bis 20	2,5 × 1,5 bis 3,5 × 2,5
20 bis 40	3,0 × 2,0 bis 3,5 × 2,5
40 bis 150	3,5 × 2,5 bis 4,5 × 3,5
150 bis 300	4,5 × 3,5 bis 5,0 × 4,0

Bild 4.32: Angußgußsystem für Rechteck-, Scheiben- und Schirmanguß
a) Maßbild, b) Richtwerte; [1)] gilt nur für Rechteckanguß. Der Faktor k kann aus der Tabelle Bild 4.37 entnommen werden.

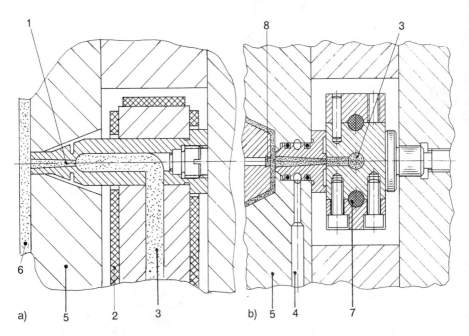

Bild 4.33: Heißkanal-Stangenanguß [21]

a) Seitenansicht, b) Draufsicht, 1 Stangenanguß, 2 Plattenheizung mit Flachheizkörper, 3 Massekanal, 4 Kühlung, 5 Einsatzplatte, 6 Spritzling, Werkstück mit Stangenanguß, 7 Stab- oder Stangenheizkörper, 8 Kralle

4.2.5 Stangenanguß

Der Stangenanguß, auch als Kegelanguß bezeichnet, ist die einfachste Art, eine Verbindung von Anguß und Formnest zu schaffen. Man verwendet ihn vor allem bei dickwandigen, zentral anzuspritzenden Teilen. Der Anschnitt soll am dicksten Querschnitt des Spritzlings liegen. Die Abmessungen des Angusses sind durch leicht auswechselbare Standard-Angießbuchsen bestimmt. Durch Abkühlung der Spritzgießmasse an der engsten Stelle des Angießkanals wird das Werkzeug thermisch versiegelt.

Einige Beispiele für Heißkanal-Stangengüsse zeigt das Bild 4.33. Auch 4fach oder 6fach Stangenangußverteiler sind möglich, wie man es im Bild 4.34 sehen kann.

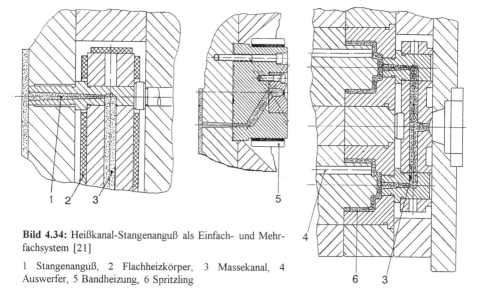

Bild 4.34: Heißkanal-Stangenanguß als Einfach- und Mehrfachsystem [21]
1 Stangenanguß, 2 Flachheizkörper, 3 Massekanal, 4 Auswerfer, 5 Bandheizung, 6 Spritzling

Bei der Maßfestlegung sollte D ungefähr s sein, wegen gleichmäßiger Erstarrung im Angußbereich und wegen der Spannungen. Einige Richtwerte für die Wahl des Durchmessers D sind in Bild 4.35 enthalten, abhängig von der Formteilmasse und damit von der Größe des Werkstücks.

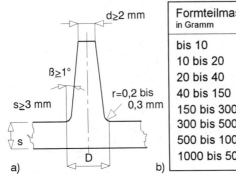

Bild 4.35: Bemessung von Stangenangüssen
a) Maßaufbau, b) Richtwerte

4.2.6 Filmanschnitt

Der Band- oder Filmanschnitt eignet sich besonders für flächige Werkstücke wie rechteckige Platten, Flachstäbe u.a. Das Formnest ist mit dem Anguß über einen filmähnlichen Kanal verbunden.

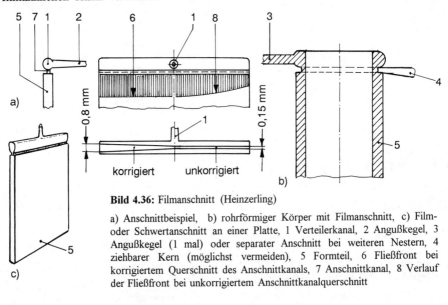

Bild 4.36: Filmanschnitt (Heinzerling)

a) Anschnittbeispiel, b) rohrförmiger Körper mit Filmanschnitt, c) Film- oder Schwertanschnitt an einer Platte, 1 Verteilerkanal, 2 Angußkegel, 3 Angußkegel (1 mal) oder separater Anschnitt bei weiteren Nestern, 4 ziehbarer Kern (möglichst vermeiden), 5 Formteil, 6 Fließfront bei korrigiertem Querschnitt des Anschnittkanals, 7 Anschnittkanal, 8 Verlauf der Fließfront bei unkorrigiertem Anschnittkanalquerschnitt

Das Bild 4.36 zeigt beispielhaft den Filmanschnitt. Der langgestreckte Anschnitt sorgt dafür, daß die Formmasse gleichmäßig in das Werkzeugnest einströmt. Damit die Füllung gleichmäßig vor sich geht, wurde der Querschnitt des Anschnittkanals korrigiert. Somit ergibt sich ein gleichmäßiger Verlauf der Fließfront der Spritzmasse. Die maßliche Gestaltung wird auch vom Spritzmaterial beeinflußt. Dazu sind in Bild 4.37 einige Korrekturfaktoren angegeben.

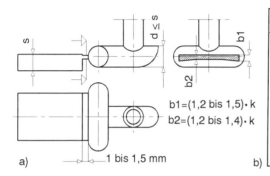

Spritzmaterial	k-Faktor
PS	1,0
PS, schlagzäh	1,2
PE	0,8
PMMA	2,0
PVC, hart	1,8
PVC, weich	0,8
PA	0,6
ABS	1,5

Bild 4.37: Maßaufbau beim Filmanguß

a) Maßbild, b) Faktor k; (PS Polystyrol, PE Polyethylen, PMMA Polymethylmethacrylat, PVC Polyvinylchlorid, PA Polyamid, ABC Acrylnitril-Butadien-Styrol-Copolymerisat)

4.2.7 Düsengestaltung bei Heißkanalwerkzeugen

Zur Verarbeitung von Thermoplasten werden vorzugsweise Heißkanalwerkzeuge eingesetzt. Typisch ist dabei folgendes: Die um die Spritzdüse verbleibende Masse kann erstarren, wenn das Entformen des Spritzgußteiles zu lange dauert. Dieser Gefahr geht man mit einem Heißkanalanguß aus dem Wege. Bei dieser Konstruktion ist deshalb die verlängerte Düse mit einem separaten Heizelement ausgestattet. Die Idee des Heißkanalprinzips wurde übrigens schon 1940 in den USA patentiert. Das Bild 4.38 zeigt den prinzipiellen Aufbau eines Heißkanalwerkzeugs an der festen Formseite und Aufspannplatte. Es handelt sich um ein Mehrfachwerkzeug, wobei ein spezieller Mehrfachdüsenkopf verwendet wird.

Die Funktion eines Heißkanalwerkzeuges hängt wesentlich von der richtigen Ausführung der Fließkanäle ab (Abmessungen, tote Ecken, Druckverlust) sowie der Anordnung und Regelung von Heizelementen.

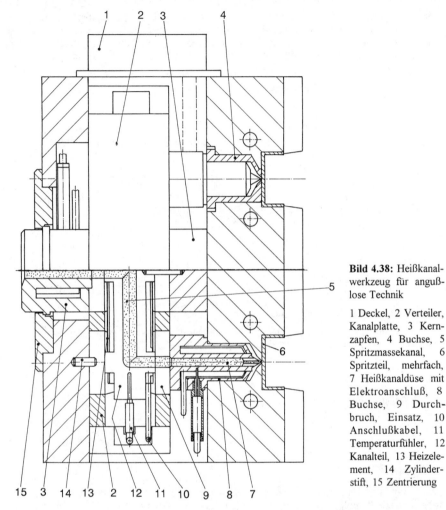

Bild 4.38: Heißkanalwerkzeug für angußlose Technik

1 Deckel, 2 Verteiler, Kanalplatte, 3 Kernzapfen, 4 Buchse, 5 Spritzmassekanal, 6 Spritzteil, mehrfach, 7 Heißkanaldüse mit Elektroanschluß, 8 Buchse, 9 Durchbruch, Einsatz, 10 Anschlußkabel, 11 Temperaturfühler, 12 Kanalteil, 13 Heizelement, 14 Zylinderstift, 15 Zentrierung

In Bild 4.39 wird ein anderes Heißkanaldüsensystem vorgestellt. Der Spritzdüse wurde ein Filter vorgeschaltet, der ein Verstopfen der Anschnitte verhindern soll. Die Sieblöcher haben Durchmesser von 0,5 bis 1,0 mm. Die Abdichtung gegen die schwimmende Verteilerplatte wurde mit einer INCOE-Spezialdichtung ausgeführt. Durch den Spritzdruck und die Masse kommt es zu einer Deformation, die eine gute Abdichtung bewirkt. Bei dem in Bild 4.40 dargestellten Heißkanalanguß geht es um das Abreißen des Angußes vom Punktanguß am Spritzteil durch eine gefederte Platte. Der Rückzug der Spritzeinheit geschieht nach Zuteilung der Masse.

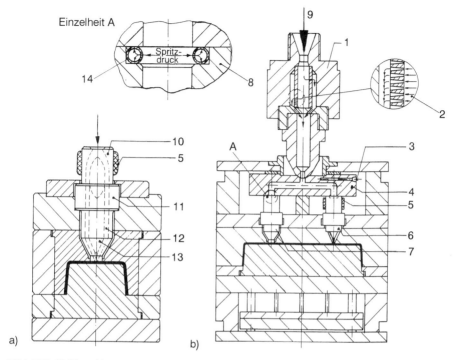

Bild 4.39: Heißkanaldüsensystem INCO [21]

a) Einfach-Anwendung, b) Mehrfach-Anwendung, 1 Filter, 2 Sieb, 3 Temperaturgeber, 4 Verteiler, 5 Heizband, 6 Düse, 7 Standarddüse, 8 Düsenschaft, 9 Masseeintritt, 10 Düsenschaft, 11 Düsenkörper, 12 Massekanal, 13 Torpedo mit Heizpatrone und Temperaturfühler, 14 Dichtung

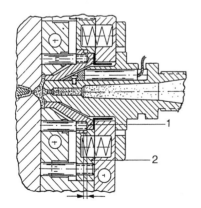

Bild 4.40: Heißkanaldüse mit Rückzug durch abgefederte Platte

1 Düse, 2 Platte

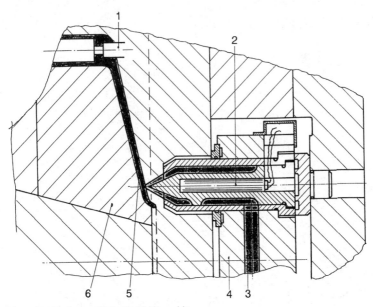

Bild 4.41: Punktanschluß mit Heißkanaldüse

1 Formpinole, 2 Dorn-Heizpatrone, 3 anstehende Spritzmasse, 4 Kanalplatte, 5 Spritzteil, Formnest, 6 Formkern

Bei der Werkzeugkonstruktion nach Bild 4.41 ist die Heißkanaldüse in einer Kanal- oder Verteilerplatte angeordnet. Man kann so von einer Anspritzmitte der Form aus, mehrere Formnester über mehrere Heißkanaldüsen mit Spritzmasse füllen.

Man kann Heißkanaldüsen auch steuern (offen, geschlossen). Solche Ausführungen werden in Bild 4.42 wiedergegeben und zwar in Einfach- und Zweifachanordnung (System Mold-Master). Bei der Einfachanordnung wurde ein unterzügiger Zufluß realisiert, bei der Zweifachanordnung gabelt sich der Massekanal. Der Verschluß der Nadel wird pneumatisch über ein Druckkolben-Hebelsystem erreicht. Ein Magnetventil steuert dazu zeitgerecht die Druckluft. Das Öffnen der Nadel geschieht durch die unter hohem Druck stehende einzuspritzende Masse. Heizelemente wurden nicht mit dargestellt.

Bei dem Heißkanal-Angußsystem nach Bild 4.43 wird der Nadelverschluß eines Punktangusses über die Kolbenstange eines Arbeitszylinders und mit Hilfe eines Keilnutschiebers erreicht.

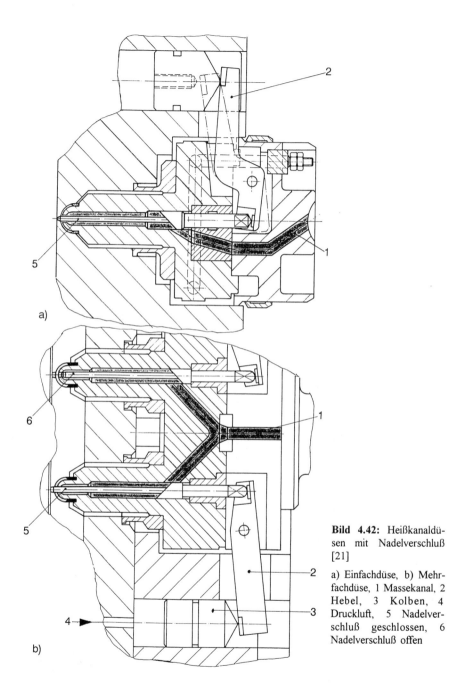

Bild 4.42: Heißkanaldüsen mit Nadelverschluß [21]

a) Einfachdüse, b) Mehrfachdüse, 1 Massekanal, 2 Hebel, 3 Kolben, 4 Druckluft, 5 Nadelverschluß geschlossen, 6 Nadelverschluß offen

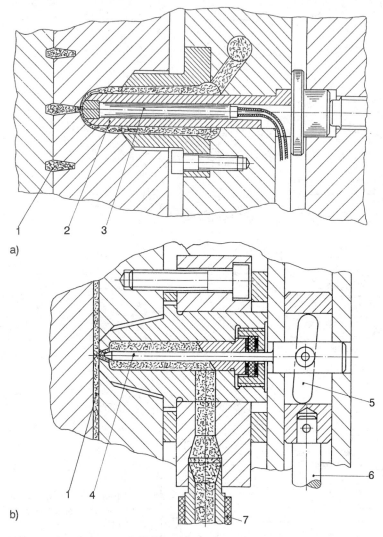

Bild 4.43: Angußsysteme mit Heißkanaldüse
a) Dornheizung, b) steuerbarer Punktanguß

1 Spritzgießteil, 2 Spritzdüse, 3 Heizdorn, 4 Nadelverschluß, 5 Steuerschieber, 6 Kolbenstange eines Arbeitszylinders

4.2.8 Verteiler

Verteilerkanäle werden notwendig, wenn die Spritzmasse in einem Mehrfachwerkzeug zu verschiedenen Formnestern fließen muß. Auf dem Weg zum Formnest kühlt sich die Masse ab, so daß beträchtlicher Druck nötig ist, um sie bis zum am weitesten entfernten Formhohlraum zu pressen. Die Anordnung der Verteiler muß also sorgfältig überlegt werden. Die Strömungswege sollen möglichst gleich lang sein. Überhaupt stellen Verteiler einen zusätzlichen Abfall dar, auch wenn dieser zu Regenerat aufgearbeitet werden kann. Die maßliche Gestaltung von Verteilerkanälen hängt vom Formteilgewicht und vom zu verspritzenden Werkstoff ab. Die typische Ausführung eines Angußes mit Verteiler wird in Bild 4.44 vorgestellt. Die Verteilung der Masse in einem Heißkanalwerkzeug ist in Bild 4.45 zu sehen. Die Spritzdüsen werden hier von innen beheizt. Das Prinzip ändert sich aber nicht, wenn die Düsen am Außenmantel beheizt werden. Es kann aber notwendig werden, daß auch die Verteilerkanäle beheizt werden müssen.

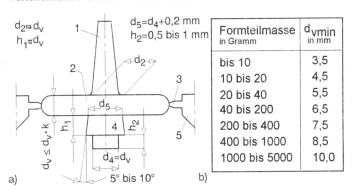

Formteilmasse in Gramm	d_{vmin} in mm
bis 10	3,5
10 bis 20	4,5
20 bis 40	5,5
40 bis 200	6,5
200 bis 400	7,5
400 bis 1000	8,5
1000 bis 5000	10,0

Bild 4.44: Bemessung von Verteilerkanälen

a) Maßbild, b) Richtwerte, 1 Angußkegel, 2 Verteilerkanal, 3 Anschnitt, 4 Angußzieher, 5 Spritzgießteil. Der Faktor k kann aus der Tabelle Bild 4.37 entnommen werden.

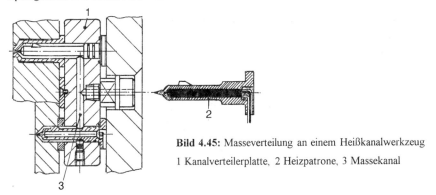

Bild 4.45: Masseverteilung an einem Heißkanalwerkzeug

1 Kanalverteilerplatte, 2 Heizpatrone, 3 Massekanal

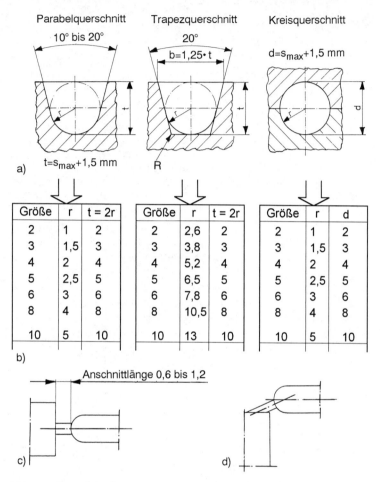

Bild 4.46: Querschnittsformen von Verteilerkanälen (Heinzerling)
a) Ausführungsformen, b) Richtwerte; Maßangaben in mm, c) Anschnitt axial zum Angußkanal, d) Anschnitt mit Neigung, R = Radius ist zulässig

Das Bild 4.46 zeigt verschiedene Querschnittsformen für die Ausführung von Angußkanälen. Der Anschnittkanal soll nach Möglichkeit in der Seele des Angußkanals liegen. Man wählt sie so, daß geringe Fließwiderstände und Wärmeverluste auftreten. Der Kreisquerschnitt ist teuer, weil er in beide Formhälften eingearbeitet werden muß. Man bevorzugt deshalb Parabel- und Trapezquerschnitt, wobei die Kanäle in die Auswerferseite eingearbeitet werden. Die angegebenen Größen 2 bis 10 sind eine Staffelung nach Volumen der Spritzteile und Formnester und sie werden nach der Erfahrung gewählt.

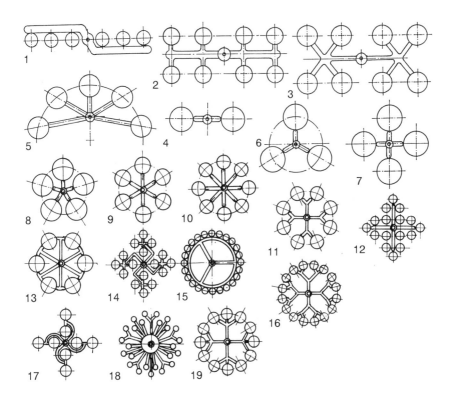

Bild 4.47: Arten von Masseverteilung

1 bis 4 Reihenverteilung, 5 Halbkreis- oder Bogenverteilung, 6 bis 10 Sternverteilung, 11 bis 19 Symmetrieverteilung

In Bild 4.47 werden verschiedene Lösungen für die Verteilung des Materials im Werkzeug dargestellt. Beim symmetrischen Reihenanguß (1, 2) sind die Fließwege ungleich. Er ist nicht für Präzisionsteile geeignet. Der Reihenanguß erlaubt mitunter eine bessere Raumausnutzung. Er muß künstlich balanciert werden. Die Entformbarkeit von Hinterschneidungen und Gewinden (Formnestanzahl ≤ 8) ist möglich. Beim Anguß 3 und 4 sind die Fließwege gleich, weshalb Tauglichkeit für Präzisionsteile gegeben ist.

Bei der Bogenverteilung wird das Werkzeug asymmetrisch belastet. Sie ist nicht für Präzisionsteile geeignet. Eine Entformung von Gewinden mit Drallspindeln innerhalb der Zentrierbohrung ist möglich. Sternverteilungen (6 bis 9) sind für Präzisionsteile ebenfall verwendbar. Die Entformbarkeit von Hinterschneidungen und Gewinden ist gut. Beim 8fach-Verteilerkanal (10) ist die Entformung von Hinterschneidungen nur bedingt möglich. Mehrfachverteilerkanäle nach Bild 4.47/11 weisen gleichlange Fließwege und gute Entformbarkeit auf, 16fach-Verteiler (14) gewährleisten diese Eigenschaft jedoch nur in begrenztem Maße. Eine hohe Fachzahl der Werkzeuge macht diese übrigens störanfälliger und auch die Präzision der Fertigung wird beeinträchtigt.

Hat man gleichlange Angießkanäle zu jedem Formnest, z.B. Sternverteilung, dann ist die gleichzeitige Füllung aller Formnester gewährleistet. Man spricht dann von einer natürlichen Balancierung. Sind die Angießkanäle ungleich lang, wie z.B. bei einer Reihenverteilung, dann muß nach rheologischen Rechnungen ausbalanciert werden. Es liegt dann eine künstliche Balancierung vor. Sie ist werkstoffabhängig.

Das Bild 4.48 zeigt das Schema einer Heißkanalverteilung. Die Anordnung ist schwimmend ausgeführt.

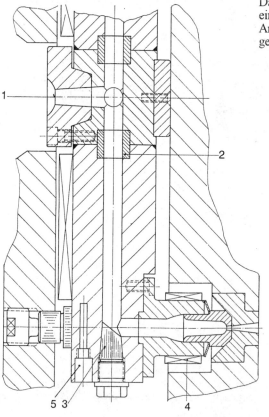

Bild 4.48: Stangenangußverteiler an einem Heißkanalwerkzeug mit Punkt-Zapfenanguß

1 Übergabe der Masse, 2 Paßbuchse, 3 Umlenkung mit Formstück, 4 Heizung, 5 Bohrung für Temperaturmeßelement

4.3 Spritzgießwerkzeuge

Bei der Herstellung von Serienteilen aus Kunststoff nimmt der Werkzeugbau eine zentrale Stellung ein. Spritzgießwerkzeuge, früher als Spritzgußwerkzeuge bezeichnet, sind hochwertige Arbeitsmittel, die fast durchgängig aus Spezialstählen gefertigt werden, weil sie Drücke bis 2000 bar aushalten müssen. Oberfläche des Formraumes und Maßgenauigkeit wirken sich unmittelbar auf die Qualität des Spritzlings aus. Spritzgießwerkzeuge stellen auch einen beachtenswerten Kostenfaktor dar. Deshalb versucht man möglichst viele Normalien einzusetzen. Es werden Schußzahlen von mehr als 100000 ohne Nacharbeit des Werkzeugs erreicht.

An einem Spritzgießwerkzeug kann man folgende Funktionskomplexe unterscheiden [8 und 9]:

→ Angußsystem,
→ formbildende Einsätze, die ''Formnester'',
→ Entlüftung, sofern als Extraausprägung erforderlich,
→ Führung und Zentrierung,
→ Maschinen- und Kraftaufnahme,
→ Entformungssystem und Bewegungsübertragung sowie die
→ Temperierung.

Der Werkzeugbau ist sorgfältig zu planen, weil damit der Grundstein für die Funktionssicherheit und die Qualität des Spritzgießteiles gelegt wird. Spätere Änderungen am Werkzeug sind meistens sehr kostenintensiv und zu vermeiden.

Neben den ''normalen'' Spritzgießwerkzeugen sind auch Etagenwerkzeuge möglich, bei denen die Formteile in mehreren übereinanderliegenden Trennebenen angeordnet wurden, ohne daß deshalb die Schließkraft der Maschine erhöht werden muß. Wie man Trennebenen übrigens auf Zeichnungen angibt, wird im Bild 4.49 gezeigt.

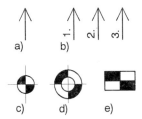

Bild 4.49: Symbole in Zeichnungen (DIN 16750)
a) Trennebene, b) 1., 2., 3. Trennebene, c) Auswerferstift, d) Auswerferhülse, e) Flachauswerfer

Für Spritzgießwerkzeuge ist typisch, daß man die Konturoberflächen poliert. Das dient nicht nur der Optik der Spritzlinge, sondern auch der besseren Entformung. Das Polieren wird meistens manuell durchgeführt. Für sehr große Werkzeuge gibt es auch CNC-Poliermaschinen.

Für den effektiven Betrieb von Spritzgießwerkzeugen ist die richtige Temperierung wichtig. Dazu werden in Abschnitt 4.5 einige Beispiele vorgestellt. Aber auch der Spritzdruck muß überwacht werden. Deshalb werden auch Druckgeber (Dehnungsmeßstreifen, Piezokristall) in Nähe des Formnestes eingebaut bzw. werden Öffnungen vorgesehen, in die man bei Bedarf solche Meßelemente vorübergehend einbauen kann.

Ein Spritzgießwerkzeug wird in folgenden Schritten entwickelt:

① **Sammlung der Ausgangsangaben**

→ verbindliche Zeichnungen zur Formteilgestalt und zu den Abmessungen
→ Stückzahl je Zeiteinheit
→ spezifische Anforderungen
→ zur Verfügung stehende Spritzgießmaschine
→ gewünschte Fachzahl für das Werkzeug
→ kommerzielle Vorgaben

② **Festlegung der Werkzeugbauform**

→ Einfach- oder Mehrfachwerkzeug
→ Zwei- oder Dreiplattenwerkzeug (Heiß-, Kaltkanalwerkzeug, Normalanguß)
→ Spritzteilgewicht (Fließweg-Wandverhältnis, Anzahl Angußstellen)
→ Spritzteilform (rohr-, becher-, rund-, scheiben-, flach-, rechteck-, napfförmig)
→ Anguß festlegen; Absprache der Angußart mit dem Auftraggeber
→ Wartungsgesichtspunkte

③ **Lage und Anzahl der Formhohlräume (Kavitäten)**

→ Fließwege
→ Masseverteilung, Verteilerkanäle (Stern-, Symmetrie-, Reihenverteilung)
→ Werkzeugnester
→ Entlüftungssysteme

④ **Angußsysteme**
→ Angußart (Normal-, Punkt-, Abscher-, Film-, Rechteck-, Scheibenanguß)
→ Angußentformung

⑤ **Entformung von Gewinde**
→ Innengewinde (Gewindeunterbrechung, Entformprinzip)
→ Außengewinde (Entformung durch Gewindebacken, keine Teilungsnähte bei Präzisionsgewinde)

⑥ **Entformung von Hinterschneidungen**
→ Innen- oder Außenkontur (Kerne, Lage der Hinterschneidung zur Teilungsebene, Entformungswege, Schieber)
→ bogenförmige Innenkontur (radiale Entformung der Kerne, Kernteilung)
→ Betätigungselemente für Kerne

⑦ **Auswerferart und -system**
→ Drei- oder Vierplattenwerkzeug
→ Abreißeinrichtungen
→ Auswerferart (Stift, Ring, Rahmen, Backen, Schieber, Luft)
→ Auswerferhub
→ Abstreifelemente

⑧ **Temperierung des Werkzeugs**
→ Abkühlzeit, Kühlflächen
→ bei Heißkanalwerkzeug Heizelementeberechnung
→ Temperierbereiche (Flächen, Kerne)
→ Temperiermedien (Öl, Wasser, Luft, Heizpatrone)

⑨ **Werkzeugaufbau und -elemente**
→ Werkzeugbaustoffe
→ Auswahl und Berechnung der Werkzeugplatten, Führungsbuchsen usw.
→ Formnester gestalten

→ Sicherung von Einsätzen

→ Schwindungsvorhersage (Formteilgestalt, Anguß, Verarbeitungsbedingungen)

⑩ **Ausarbeitung der Konstruktion.**

Auch in der Auslegung und Konstruktion von Spritzgießwerkzeugen setzen sich allmählich CAD-gestützte Entwurfssysteme durch [15]. Die Zukunft liegt auch hier in geschlossenen Softwarekonzepten. Dazu gehören dann auch Software-Tools zur Simulation von Füllvorgängen, zur Temperierung und mechanischen Beanspruchung.

Eine wichtige Frage ist im Werkzeugbau, wie das im Innern des Werkzeuges entstandene Teil aus diesem herauskommt. Häufig sind Formelemente beweglich zu gestalten. Zur Entformung müssen Schieber geführt und bewegt werden. In Bild 4.50 werden zunächst einige typische Führungen gezeigt. Die Führungen bei A und B werden von oben oder unten verschraubt und verstiftet. Ohne Führungsleisten kommt die Variante C aus. Man sollte sie aber nur dann anwenden, wenn der Abstand t < 25 mm ist oder Platzmangel die Ausführung A oder B nicht gestattet.

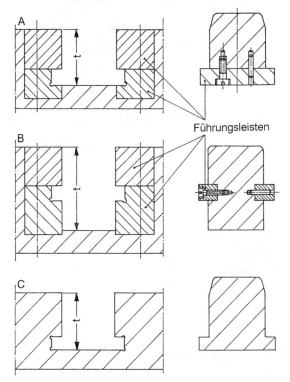

Bild 4.50: Konstruktive Gestaltung von Schieberführungen

Die Betätigung von Schiebern mit Schrägzugbolzen wird in Bild 4.51 dargestellt. Sie erzeugen die zur Entformung notwendige Querbewegung. Die Öffnung des Werkzeugs ist somit mit dem Querzug von Formelementen mechanisch verkoppelt. Andere Bewegungsverkopplungen sind mit dem Auswurf des Angusses verbunden.

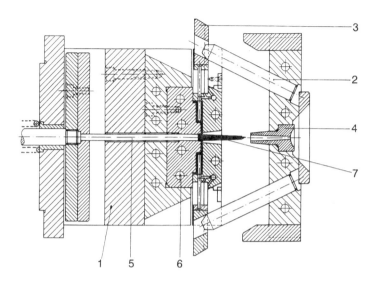

Bild 4.51: Entformung mit Hilfe von Schrägzugbolzen, die die Kernschieber in Bewegung versetzen.

1 Formenkörper, 2 Schrägbolzen, 3 Formkernschieber, 4 Angußbuchse, 5 Auswerfer, 6 Kühlung, 7 Stangenanguß

Das Bild 4.52 zeigt einen Angußauswerfer mit Kralle zum Festsetzen des Angußkegels in der Angießbuchse. Die ''Kralle'' bildet beim Spritzen zum Anguß hin eine Formpaarung aus. Dadurch ist das sichere Abziehen des Angießkegels gewährleistet.

Zur Herstellung von Teilen mit angespritztem Gewinde, wie z.B. Schraubkappen für Flaschenverschlüsse oder Schraubdeckel, sind Abschraubformen erforderlich. Sie enthalten Maschinenelemente, mit denen die Gewindekerne herausgedreht werden können. Oft sind es Zahnstange-Ritzel-Getriebe, die dazu verwendet werden, um die Drehbewegung aus einer Linearbewegung zu erzeugen. Das Bild 4.53 zeigt eine Einbaueinheit oder einfache Abschraubform, die ohne Leitspindel und Leitpatrone auskommt.

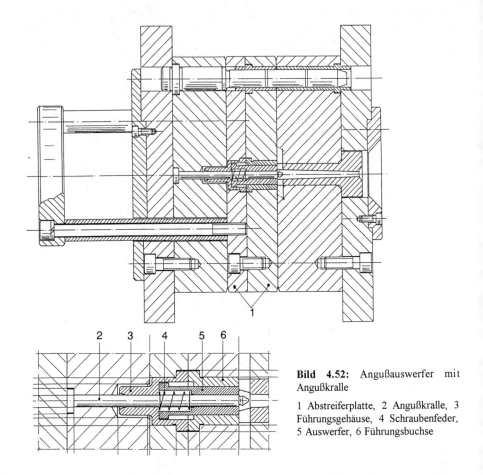

Bild 4.52: Angußauswerfer mit Angußkralle

1 Abstreiferplatte, 2 Angußkralle, 3 Führungsgehäuse, 4 Schraubenfeder, 5 Auswerfer, 6 Führungsbuchse

In Bild 4.54 sind Abschraubformen dargestellt (System Zimmermann), die ohne Leitspindel arbeiten. Das Entformen der Gewindedorne geschieht durch Herausschrauben, wobei das Hauptzahnrad (Bild 4.54a) beim Öffnen der Form in Gang gesetzt wird, indem die Öffnungsbewegung zum Drehen der Steilgewindemutter führt. Die Spindel steht fest. Der Werkzeugaufbau ist unkompliziert. In Bild 4.54b ist die Wirkung des Getriebes umgekehrt, d.h. hier steht die Mutter fest und die Steilgewindespindel beginnt sich beim Öffnen des Werkzeugs zu drehen.

Die Wahl des Entformungsverfahrens für Gewinde an Spritzgußteilen hängt von der Gewindeart (Innen- oder Außengewinde) sowie von den Genauigkeitsanforderungen ab. Dazu kann man kompakt gebaute, universell einsetzbare Ausschraubeinheiten verwenden, die durch einen Hydromotor angetrieben werden und ein hohes Drehmoment aufbringen. Zur Signalabgabe für das Ende der Ausschraubbewegung sind Schaltnocken angebracht, die sich einzeln einstellen lassen. Die Drehgeschwindigkeit und das Drehmoment lassen sich an der Maschinensteuerung einstellen.

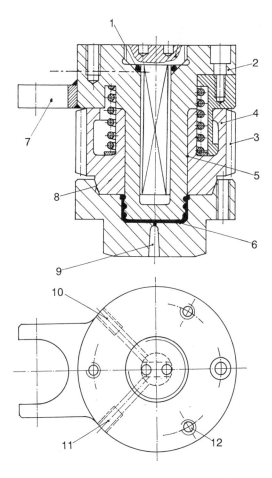

Bild 4.53: Einfache Abschraubform zur Herstellung von Schraubkappen

1 O-Ring, 2 Formteil, 3 Zahneingriff zur Einleitung der Abdrehbewegung, 4 Zahnrad, 5 Formkern mit Rundgewinde, 6 Spritzteil, 7 Stütze zur Gegenhaltung beim Abschrauben (Abschraubmoment), 8 Konus, 9 Abreißpunkt-Anguß, 10 Kühlwasservorlauf, 11 Kühlwasserrücklauf, 12 Befestigungsgewinde für den Einbau

Das Bild 4.55 zeigt eine Abschraubform zur gleichzeitigen Herstellung von 18 Stück Tubenverschlüssen. Der Angußstern läßt erkennen, wie das Material zu den einzelnen Formen verteilt wird. Das zentrale Abtriebsrad setzt 3 Satellitenräder zum Zweck des Entformens in Bewegung, wobei diese wiederum 18 Formritzel antreiben. Die Drehbewegung wird über eine Leitspindel erzeugt.

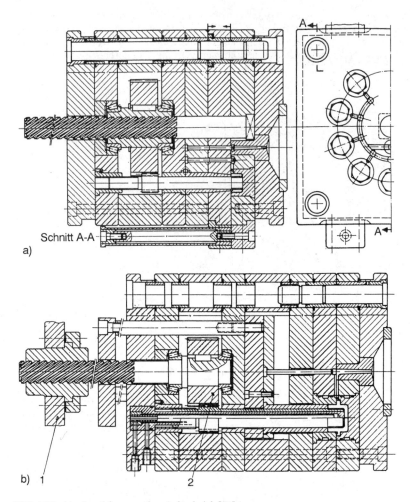

Bild 4.54: Abschraubformen ohne Leitspindel [21]

a) 9-fach Abschraubform für Gewindedeckel, b) Abschraubform für Deckelteile, 1 feststehende Mutter, 2 Zahnrad mit Ritzel

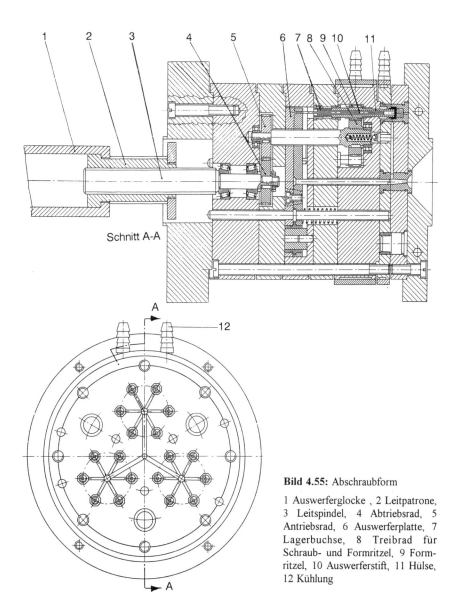

Bild 4.55: Abschraubform

1 Auswerferglocke, 2 Leitpatrone, 3 Leitspindel, 4 Abtriebsrad, 5 Antriebsrad, 6 Auswerferplatte, 7 Lagerbuchse, 8 Treibrad für Schraub- und Formritzel, 9 Formritzel, 10 Auswerferstift, 11 Hülse, 12 Kühlung

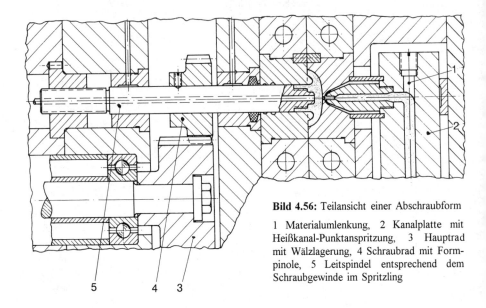

Bild 4.56: Teilansicht einer Abschraubform
1 Materialumlenkung, 2 Kanalplatte mit Heißkanal-Punktanspritzung, 3 Hauptrad mit Wälzlagerung, 4 Schraubrad mit Formpinole, 5 Leitspindel entsprechend dem Schraubgewinde im Spritzling

Weitere Abschraubformen werden in den Bildern 4.56 und 4.57 gezeigt. Für den Antrieb des Hauptrades sind gesonderte Motoren vorzusehen, die die Bewegung z.B. über Zwischenräder dorthin leiten. Als Besonderheit weist das Getriebe in Bild 4.57 einen Zahnring auf, der sowohl innen als auch außen verzahnt ist. Das erfordert dann auch eine besondere Form der Lagerung dieses Ringes, da ja ein materielles Zentrum fehlt.

Zum Entformen mit Schiebern sollen nun noch einige Beispiele folgen. Ein Schrägzug wird beim Werkzeug nach Bild 4.58 angewendet. Beim Öffnen des Werkzeugs können die Formschieber nach innen zusammenrücken. Das Bild 4.59 enthält ein Beispiel für die Anwendung von Keilschiebern. Der Angießkegel und der Stangenanguß werden mit gezogen.

Klinkenzüge kommen zum Einsatz, wenn eine Trennebene beim Öffnen des Werkzeugs verzögert auffahren soll. Der Ablauf wird in Bild 4.60 gezeigt. Ist die Formstellung II erreicht, besorgt ein Nocken (Gegenklinke) das Abheben des Abzugshakens. Dieser kann dann im weiteren Verlauf wieder abfallen, so daß sich die Formstellung III ergibt. In der Wirkungsweise gleich ist der Klinkenmechanismus nach Bild 4.61. Hier ist der Abzugshaken etwas anders gestaltet.

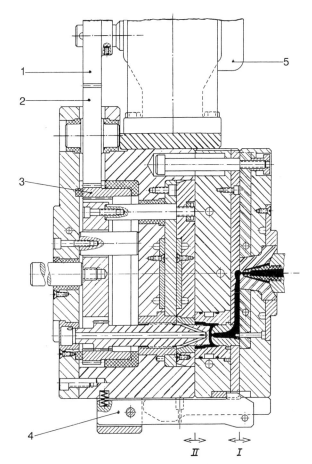

Bild 4.57: Schraubform mit 2 Öffnungswegen (I,II) und Stangenanguß

1 Abtriebszahnrad, 2 Zwischenrad, 3 Hauptrad mit Innen- und Außenverzahnung, 4 Zuhalteklinke, 5 Antriebsmotor

Am kompletten Werkzeug wird der Klinkenzug in Bild 4.62 vorgestellt. Es zeigt eine Spritzgießform in Mehrfachanordnung der becherartigen Spritzteile. Gewählt wurde ein Punktanguß an einer 3fach-Verteilerspinne für die Spritzmasse von der Angießbuchse mit Kralle. Die Entformung des Angusses geschieht durch den schon erwähnten Klinkenzug separat vom Spritzteil. Diese Lösung könnte bei entsprechender Füllgarnitur auch bei einem Druckgießwerkzeug für eine Vertikal-Druckgießmaschine verwendet werden.

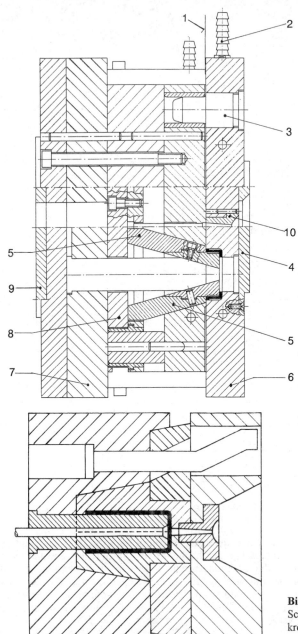

Bild 4.58: Spritzgießform mit Schrägzug zum Entformen von Innenkonturen

1 Formteilung, 2 Kühlwasseranschluß, 3 Zapfenführung in gehärteter Buchse, 4 Zentrierring, 5 Schrägzug-Formschieber, 6 Platte auf der Angußseite, 7 Stützplatte, 8 Halteplatte, 9 Zentrierscheibe, 10 Angußbuchse

Bild 4.59: Entformung durch Schieberbewegung über abgekröpfte Zugteile

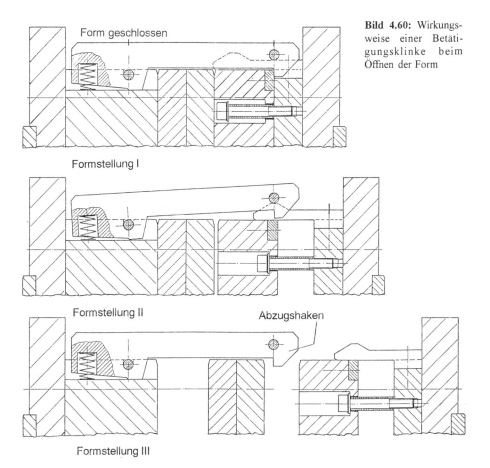

Bild 4.60: Wirkungsweise einer Betätigungsklinke beim Öffnen der Form

Das Bild 4.63 zeigt eine Spritzgießform, bei der die Formkerne mit Schrägbolzen bewegt werden. Es handelt sich um einen Tunnelanguß, der auch mehrfach im Raum vorhanden sein kann. Spritzgießwerkzeuge für große Formen werden übrigens aus Stahl gefertigt, wobei wenigstens die konturgebenden Teile zu härten sind. Die Auswahl der Stahlsorte geschieht nach technischer Spezifikation. Durch Nitrieren oder Beschichten werden die Oberflächen verschleißfester gemacht. Das Härten komplizierter Werkzeugteile ist eine Kunst für sich und erfordert viel Erfahrung. Es ist deshalb immer gut, wenn sich der Konstrukteur vorher Ratschläge einholt, um die Risiken zu vermindern.

161

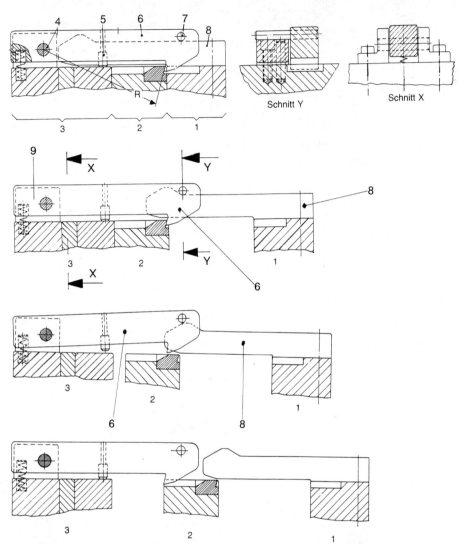

Bild 4.61: Öffnungsablauf einer Form mit Betätigungsklinke [21]

1 Form geschlossen, 2 Hub I, 3 Hub II, 4 Achse, 5 Anschlag, 6 bewegliche Klinke, 7 Stift, 8 feste Steuerleiste, 9 Lagerbock

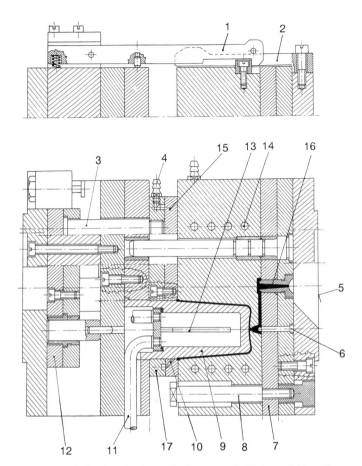

Bild 4.62: Prinzip einer Zweiwege-Entformung mit Klinke und Abstreifer

1 Klinke, 2 Gegenklinke, 3 Führung für Auswerfer, 4 Kühlwasseranschluß, 5 Anspritzung, 6 Kralle, 7 Abstreiferplatte, 8 Wegbolzen, 9 Kern, 10 Kernplatte, 11 Kühlung, 12 Auswerferplatte, 13 Rücklaufschott, 14 Kühlkanal, 15 Abstreiferplatte, 16 Anguß mit Kralle, 17 Freihub bis zur Schulter der Senkung

Ein Kappenwerkzeug wird in Bild 4.64 dargestellt. Der Kegelanschluß wird hier am Spritzteil gebraucht. Der Abriß erfolgt an der Angießbuchse. Der Formkern wird gekühlt. In Werkstückmitte wird ein Einlageteil aus Metall als Nabe mit eingespritzt.

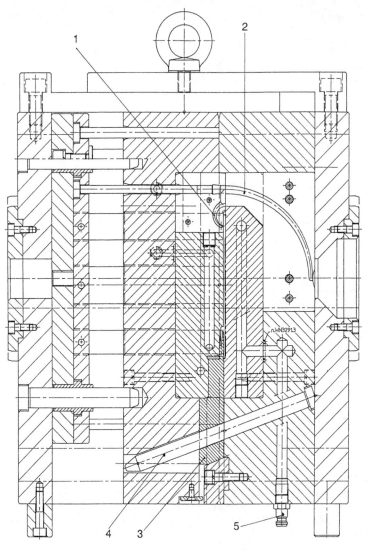

Bild 4.63: Spritzgießform mit Tunnelanschnitt und gebogenem Anguß
1 Tunnelanschnitt, 2 gebogener Anguß, 3 Formschieber, 4 Schrägsäule, 5 Kühlanschluß

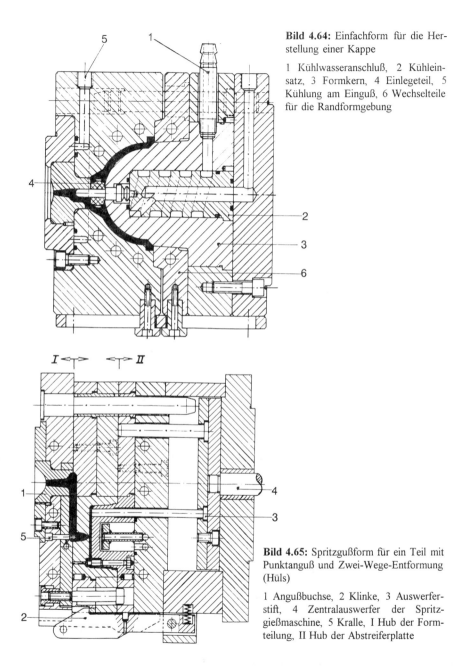

Bild 4.64: Einfachform für die Herstellung einer Kappe

1 Kühlwasseranschluß, 2 Kühleinsatz, 3 Formkern, 4 Einlegeteil, 5 Kühlung am Einguß, 6 Wechselteile für die Randformgebung

Bild 4.65: Spritzgußform für ein Teil mit Punktanguß und Zwei-Wege-Entformung (Hüls)

1 Angußbuchse, 2 Klinke, 3 Auswerferstift, 4 Zentralauswerfer der Spritzgießmaschine, 5 Kralle, I Hub der Formteilung, II Hub der Abstreiferplatte

In Bild 4.65 ist die Zweiwege-Entformung zum Trennen des Spritzgußteils vom Anguß mit Verteilerspinne zu sehen. Durch eine Klinke wird die Entformung in zwei Schritten ausgeführt. Dabei ist I Hub der Formteilung und II Hub der Abstreiferplatte.

Das Bild 4.66 gibt eine Mehrfachspritzform mit Heißkanalanguß wieder, wobei mit "fliegenden" Formbacken gearbeitet wird. Diese werden von schräg angebrachten

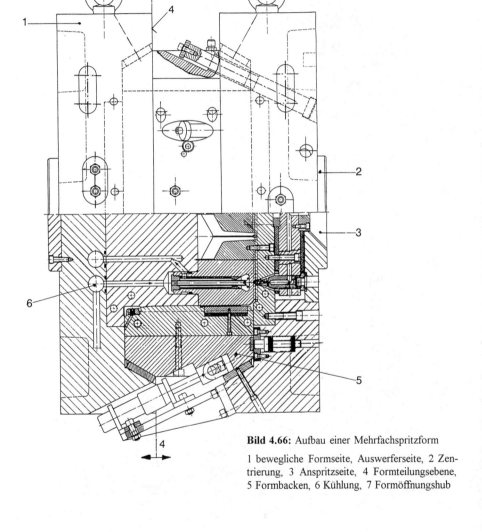

Bild 4.66: Aufbau einer Mehrfachspritzform
1 bewegliche Formseite, Auswerferseite, 2 Zentrierung, 3 Anspritzseite, 4 Formteilungsebene, 5 Formbacken, 6 Kühlung, 7 Formöffnungshub

Pneumatikzylindern zum Entformen der umlaufenden Kernteile bewegt und fixiert. Die Kühlung ist im Vorder- und Hinterteil eingebaut.

Bild 4.67: Schnellwechsel von Spritzgießformen

1 Paßstift, 2 Prismaschiene, 3 Spritzgießwerkzeug, 4 feststehende Aufspannplatte

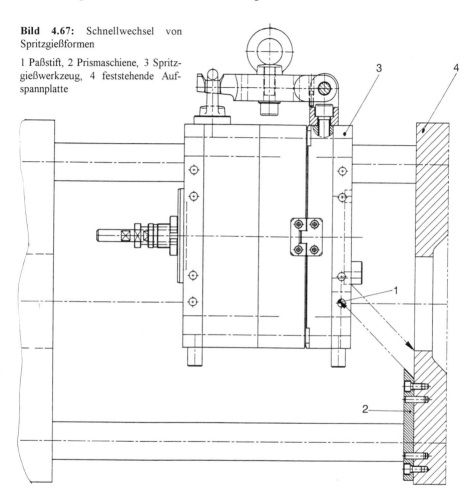

Schließlich ist noch darauf zu achten, daß Wartung und Einbau eines Spritzgießwerkzeuges möglichst einfach möglich sind. Zur Unterstützung des Schnellwechsels hat man bei der Lösung nach Bild 4.67 Fixpunkte geschaffen, die mühsames Ausrichten erübrigen. Die Paßstifte liegen beim Einbau an der Aufspannplatte und an der Prismaschiene an. Weitere Anregungen und Beispiele zum Spritzgießwerkzeugbau finden sich in [16] bis [18].

4.4 Auswerfer, Abstreifer und Abdrücker

Die Gleichmäßigkeit von Spritzgießvorgängen hängt u.a. auch vom schnellen und störungsfreien Entformen der fertigen Teile ab. Das Ausgeben wird durch Abdrückstifte, Abstreifer und Auswerfer unterstützt. Die Entformungspunkte dürfen meistens nicht an Sichtflächen sein, da es sich um optische Fehlstellen handelt. Sie sind deshalb dem Werkzeugkonstrukteur in der Werkstückzeichnung vorzugeben. Ein Zweiweg-Auswerfer wird in Bild 4.69 gezeigt. Er wird über eine Zug- und Stützklinke auf dem Gesamtöffnungsweg der Spritzgießform wirksam. Beim Öffnen des Werkzeugs in der Ebene I wird der Anguß vom Spritzgießteil abgerissen, weil er durch die Kralle festgehalten wird. Nachher öffnet das Werkzeug in der Ebene II. Dabei wird der Hülsenauswerfer wirksam und streift das Teil vom Kernbolzen ab. Zuletzt schiebt die Abstreifplatte die Angußspinne von der Kralle. Die Lösung könnte auch mit einer anderen Füllgarnitur ein Druckgießwerkzeug für den Vertikalanguß sein.

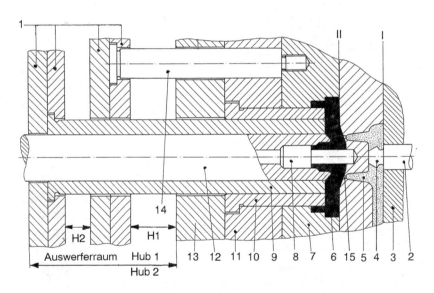

Bild 4.69: Zweiweg-Auswerfer [21]

1 Bewegungsplatte, 2 Haltebolzen, 3 Abstreifplatte für Angußspinne, 4 Kralle, 5 dreifach Punktanguß, 6 Spritzgußteil, 7 Abstreifplatte, 8 Kernbolzen, 9 Hülsenauswerfer, 10 Formeinsatzhülse, 11 Formplatte, 12 Formkern, 13 Stützplatte, 14 Auswerferbolzen, 15 Anschnitt

Man versucht immer, schon bei der Formteilgestaltung darauf zu achten, daß möglichst viele Normalien in die Werkzeuggestaltung eingehen. Dazu gehören auch Entformungselemente, die ja als Verschleißteile einzustufen sind. Bei Normalien ist die Ersatzteilbeschaffung einfacher und die Kosten sind günstiger als bei Sonderausführungen. In Bild 4.70 wird eine Übersicht über genormte Entformungselemente gegeben [7, 14]. Meistens bieten die Hersteller aber darüber hinaus noch eine Vielzahl von Sonderausführungen an.

Entformungselement	Bezeichnung/DIN	Werkstoff	Härte
	Auswerferstift DIN 1530-A	Warmarbeitsstahl etwa 1.2343	nitriert > 950 HV 0,3 Kernfestigkeit > 1400 N/mm²
		Werkzeugstahl etwa 1.2516	durchgehärtet 60 ± 2 HRC
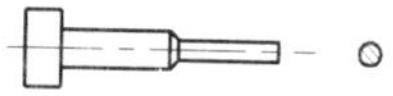	Auswerferstift DIN 1530-C	Warmarbeitsstahl etwa 1.2343	nitriert > 950 HV 0,3 Kernfestigkeit > 1400 N/mm²
	Auswerferstift DIN 1530-D	Warmarbeitsstahl etwa 1.2343	nitriert > 950 HV 0,3 Kernfestigkeit > 1400 N/mm²
		Werkzeugstahl etwa 1.2516	durchgehärtet 60 ± 2 HRC
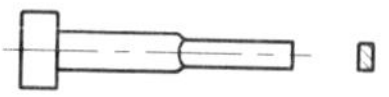	Flachauswerfer DIN 1530-F	Warmarbeitsstahl etwa 1.2343	nitriert > 950 HV 0,3 Kernfestigkeit > 1400 N/mm²
		Werkzeugstahl etwa 1.2516	durchgehärtet 60 ± 2 HRC
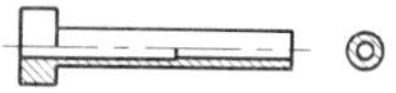	Auswerferhülse DIN 16756	Warmarbeitsstahl etwa 1.2343	nitriert > 950 HV 0,3 Kernfestigkeit > 1400 N/mm²
		Werkzeugstahl etwa 1.2516	durchgehärtet 60 ± 2 HRC

Bild 4.70: Übersicht genormter Entformungselemente

Über die Verwendung sollen einige Beispiele Auskunft geben.

In Bild 4.71 werden einige Beispiele zur Auswerfergestaltung gezeigt. Die Variante Bild 4.71a ist für hülsenartige Teile zu verwenden, die keine Absätze in der Außenkontur haben. Mit Absätzen in der Außenform ist die Lösung nach Bild 4.71b angeraten. Variante Bild 4.71c ist gut verwendbar, wenn der Kernstempel nicht gekühlt wird. Für gekühlte Kernstempel gilt das Beispiel nach Bild 4.71d.

Bei Kunststoffteilen mit großen Oberflächen läßt sich auch Druckluft für das Auswerfen verwenden. Das Prinzip besteht darin, daß man zwischen Werkzeug und Werkstück Druckluft mit 4 bis 6 bar einbläst. Der Druck verteilt sich über die gesamte Oberfläche des Teils und drückt das Teil gleichzeitig ab. Ein Vorteil besteht auch darin, daß beim Abdrücken ansonsten ein leichtes Vakuum zwischen dem noch weichen Spritzgießteil und der Form entstehen kann, was durch eine Blasluft verhindert wird. Die Druckluft wird per Wegeventil gesteuert. Beispiele werden in Bild 4.72 gezeigt.

Bild 4.71: Varianten der Auswerfergestaltung

a) Auswerfen tiefer Hohlteile mit Abstreifplatte, b) Auswerfen mit Auswerferhülse, c) axial verschiebbarer Stempel, d) Außenkontur beweglich, Stempel feststehend

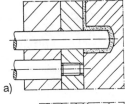
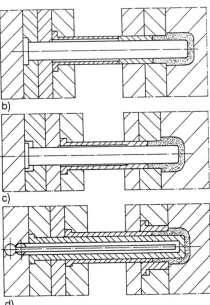

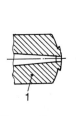
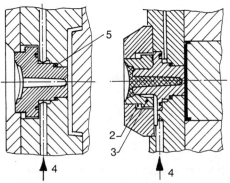

Bild 4.72: Pneumatische Hilfsauswerfer

1 Spritzdüse, Kopf, 2 Hub, 3 Hubring, 4 Druckluft, 5 Dichtring

Durch entsprechende Formgebung am Düsenkopf und an der Angießbuchse läßt sich ein Teller ausbilden, an dem die Druckluft angreift, um den Anguß auszuwerfen. So hebt sich bei der Lösung nach Bild 4.72b unter Druckluft der Ring unter dem Angußteller und reißt den Anguß vom Teil ab.

Eine Lösung zum Auswerfen des Spritzteils wird in Bild 4.73 vorgestellt. Die Luft tritt am Boden des schüsselartigen Teils aus und hebt es vom Kern ab.

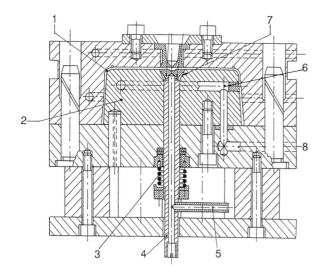

Bild 4.73: Spritzgießwerkzeug mit pneumatischem Auswerfer

1 Spritzteil, 2 Kern, 3 Druckfeder, 4 Rohr zur Druckluftführung, 5 Druckluftanschluß, 6 Kühlung des Kerns, 7 Luftaustritt über Kerben am Umfang, 8 Kühlwasseranschluß

In die in Bild 4.74 gezeigte Form hat man ein Ventil mit Kegelsitz eingesetzt. Wird Druckluft zugeschaltet, hebt sich der Ventilkegel etwas und läßt Druckluft unter den Boden des Werkstücks treten. Dieses löst sich vom Kern und wird ausgeworfen. Damit die Luft den Ventilstößel passieren kann, ist dieser mehrfach abgeflächt. Diese Variante wird gewählt, wenn das Auswerfen durch die Art des Betriebsmittels nicht möglich oder nicht erwünscht ist. Das Auswerfen mit Druckluftstrahl läßt sich übrigens auch bei Preß- und Tiefziehwerkzeugen mit Erfolg anwenden.

Das Bild 4.75 zeigt eine Rückzugsvorrichtung an einem Formbewegungssystem [10]. Sollen Metallteile eingespritzt werden, dann müssen diese vor dem Spritzgießen in die Form eingelegt werden. Das ist aber bei geöffnetem Werkzeug nicht möglich, weil sich die Abdrückstifte noch in der Auswerfstellung befinden. Sie müssen also vorher zurückgezogen werden. Das ist technisch aufwendig. Die gezeigte Lösung vereinfacht das. Beim Öffnen des Werkzeugs stößt der Anschlagbolzen (2) an den Hebel (1). Wird die Öffnungsbewegung fortgesetzt, dann verschiebt sich die Steuerstange (4) und damit auch der Keil (5). Dieser hebt den Hebel an, so daß die

Schraubenfeder (3) wirksam werden kann und den Anschlagbolzen in seine Ausgangslage bringt. Damit ist die Einstecköffnung für das Einlegeteil frei.

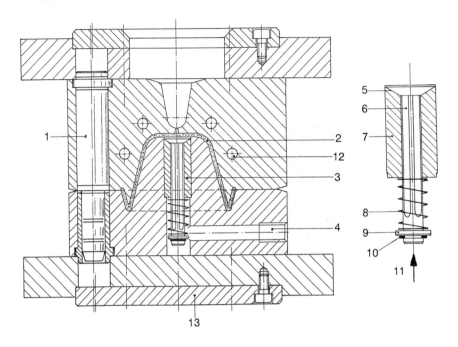

Bild 4.74: Auswerfen mit Druckluft

1 Säulenführung, 2 Spritzteil, 3 Einbauventil, 4 Druckluftanschluß, 5 Kegelsitz, 6 Ventilstößel, 7 Ventilbuchse, 8 Schraubenfeder, 9 Spannscheibe, 10 Sicherungsring, 11 Betätigungsdruck, 12 Kühlung, 13 Zentrierung

In Bild 4.76 wird eine mehrstufige Drückvorrichtung gezeigt, die z.B. bei der Zwei-Wege-Entformung eingesetzt werden kann. Sie bewegt in der ersten Stufe nur die Werkzeugteile, die Hinterschneidungen bilden. In der zweiten Stufe wird dann das Spritzteil vom Werkzeug abgedrückt. Solange sich die Sperrklinken in der Buchse bewegen, schieben sich die zwei Plattenpaare vor sich. Jedes Drückplattenpaar besteht aus 2 Platten, zwischen denen die Abdrückstifte befestigt sind. Verlassen die Klinken die Buchse, klappen sie auf und der Anschlagbolzen (5) bewegt jetzt nur noch das äußere Drückplattenpaar (Hub 2). Allerdings ist zu beachten, daß jedes bewegte Teil auch eine Störquelle sein kann und die Gesamtzuverlässigkeit senkt.

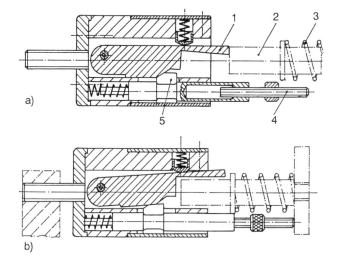

Bild 4.75: Abdrückvorrichtung

a) Stellung vor dem Zurückschieben, b) ursprüngliche Lage zum Einbringen von Einlageteilen, 1 Hebel, 2 Anschlagbolzen des Spritzgießwerkzeuges, 3 Druckfeder, 4 Steuerstange, 5 Keil

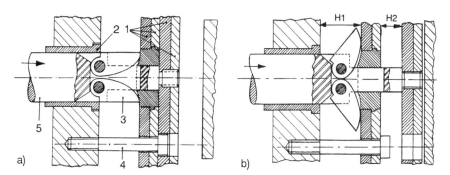

Bild 4.76: Zweistufige Abdrückvorrichtung

a) Bewegungsphase 1, b) Bewegungsendstellung, 1 Drückplattenpaar, 2 Buchse, 3 Sperrklinke, Anschlagschraube, 5 Anschlagbolzen, H Hub

Eine solche Bewegungsverkettung kann man auch mit Kugeln erreichen, die eine Schulter zum Drücken bilden können, wenn sie aus einer Kernhülse herausgedrückt werden. Das wird in Bild 4.77 gezeigt. Beim Verschieben des Zentralauswerfers (5) wird das Abstreiferplattenpaar (7) durch die Kugeln mitgenommen. Ist das Dornende (3) erreicht, weichen die Kugeln nach innen aus und es wird nur noch das Auswerferplattenpaar (6) bewegt, das über die nicht mit dargestellten Auswerferstifte das Spritzgießteil auswerfen. Damit erzeugen Kugelrasteinrichtungen einen zweischrittigen Ausstoßweg.

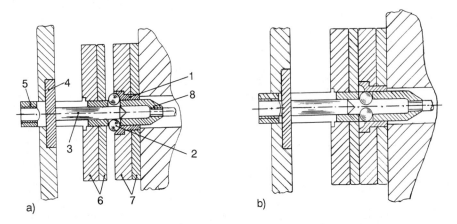

Bild 4.77: Abdrückvorrichtung mit einem Kugelsatz für zweifachen Auswerfweg

a) Werkzeug geöffnet, Schulter ausgefahren; b) Spritzteil ausgestoßen, Kugeln fallen nach innen; 1 Buchse mit Druckschulter, 2 Kugel, 3 Dorn, 4 Befestigungsplatte, 5 Zentralauswerfer, 6 Auswerferplatte, 7 Abstreifplatte, 8 Kernhülse

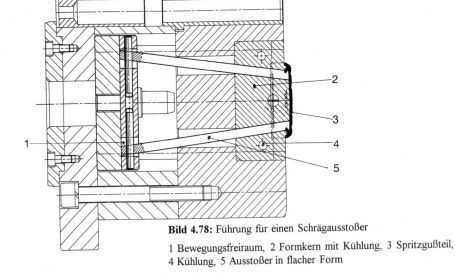

Bild 4.78: Führung für einen Schrägausstoßer

1 Bewegungsfreiraum, 2 Formkern mit Kühlung, 3 Spritzgußteil, 4 Kühlung, 5 Ausstoßer in flacher Form

Eine Spritzgießform mit Schrägausstoßer ist in Bild 4.78 zu sehen. Es ist eine einfache Lösung, um ein deckelförmiges Spritzgußteil mit innenliegenden örtlichen Nasen zu entformen. Es wird der Basisauswerfer genutzt, indem 2, 3 oder 4 Flachauswerfer schräg zur Entformungsebene der Auswerferplatte eingebaut werden. Beim Ausstoßen vom Kern werden so gleichzeitig die Hinterschneidungen am Teil freigegeben.

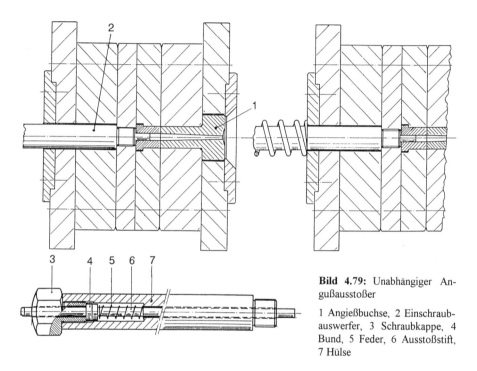

Bild 4.79: Unabhängiger Angußausstoßer

1 Angießbuchse, 2 Einschraubauswerfer, 3 Schraubkappe, 4 Bund, 5 Feder, 6 Ausstoßstift, 7 Hülse

Der in Bild 4.79 gezeigte Angußausstoßer arbeitet unabhängig vom Zentralauswerfer. Es ist ein Einschraubbauteil. Der Ausstoßstift wird mit Federkraft zurückgestellt, wie es auch bei integrierten Ausstoßern üblich ist.

In Bild 4.80 wird das Abstreifen mit Zwei-Wege-Entformung über eine Abstreifplatte im Schnitt gezeigt. Der Hub der beweglichen Formplatte wird durch die Hülsenlänge und den damit konstruktiv festgelegten Freihub am Schraubenkopf bestimmt.

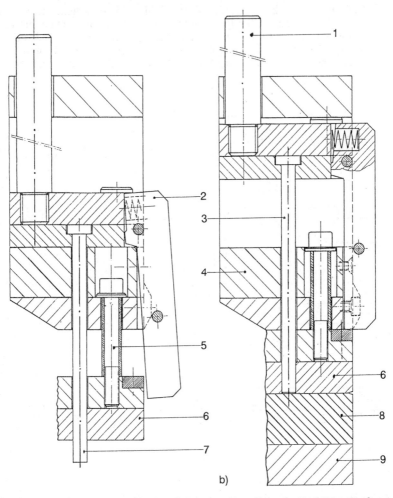

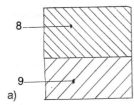

Bild 4.80: Abstreifen mit Zwei-Wege-Entformung über eine Abstreifplatte (Darstellung um 90° gedreht)

a) Form offen, b) Form geschlossen, 1 Zentralauswerfer, 2 Klinke, 3 Auswerferstift, 4 Auswerfplatte, 5 Hub durch Hülsenlänge festgelegt, 6 Formplatte, beweglich, 7 Auswerferstift, 8 Formplatte, 9 Aufspannplatte

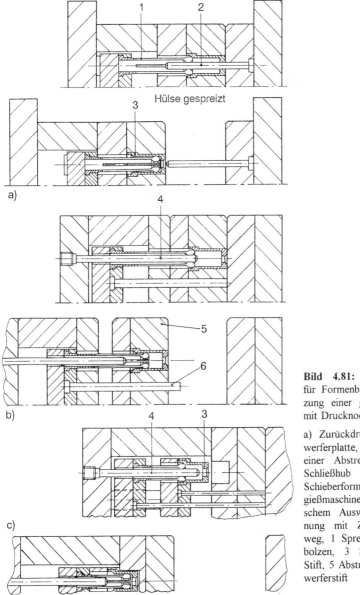

Bild 4.81: Rückdrucksystem für Formenbauteile unter Nutzung einer geschlitzten Hülse mit Drucknocken (HASCO)

a) Zurückdrücken einer Auswerferplatte, b) Ausstoßen aus einer Abstreifplatte vor dem Schließhub der Schieber bei Schieberform auf der Spritzgießmaschine ohne hydraulischem Auswerfer, c) Anordnung mit Zweifach-Auswerfweg, 1 Spreizhülse, 2 Spreizbolzen, 3 Schulterbuchse, 4 Stift, 5 Abstreiferplatte, 6 Auswerferstift

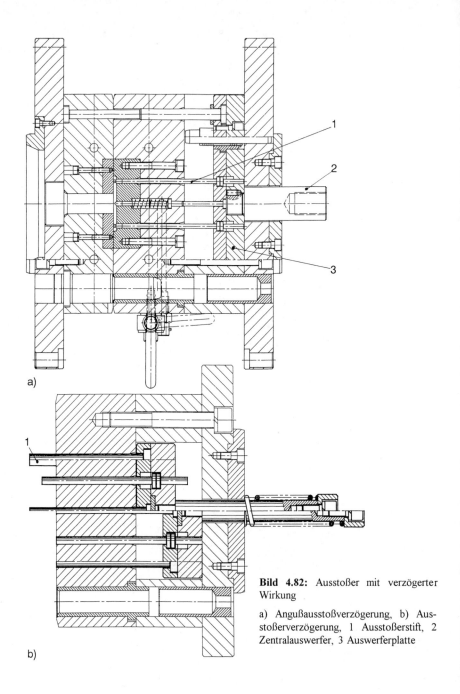

Bild 4.82: Ausstoßer mit verzögerter Wirkung

a) Angußausstoßverzögerung, b) Ausstoßerverzögerung, 1 Ausstoßerstift, 2 Zentralauswerfer, 3 Auswerferplatte

Neben dem bereits gezeigten Auswerfsystem mit Kugelrastung sind auch Spreizhülsen einsetzbar, wie es Bild 4.81 zeigt. Die Wirkungsweise ist vergleichbar. Wegabhängig wird an einem konstruktiv festgelegtem Punkt die Hülse mit einem Dorn gespreizt. Damit entsteht eine Druckkante, die nun an der Schulterbuchse anliegt. Die Spreizhülse ist geschlitzt und nimmt durch die natürliche Federwirkung ihrer Segmente wieder die Ausgangsform an.

Ein weiteres Auswerfsystem wird in Bild 4.82 gezeigt. Die verzögerte Wirkung wird, wie schon mehrfach erwähnt, durch den Freihub an einschlägigen Bolzenkombinationen erreicht.

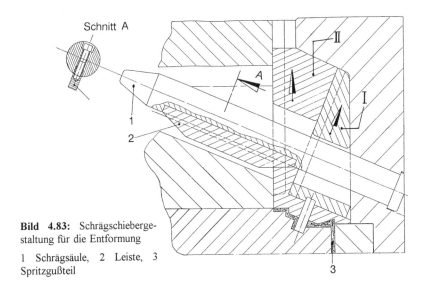

Bild 4.83: Schrägschiebergestaltung für die Entformung

1 Schrägsäule, 2 Leiste, 3 Spritzgußteil

Das Bild 4.83 zeigt eine Schrägschiebergestaltung nach dem Prinzip ''Schieber im Schieber''. Beim Entformen bewegt sich zuerst der Schieber I. Der Schieber II wird dabei von der in die Säule eingelassenen Leiste zunächst noch zurückgehalten. Erst nach einem gewissen Öffnungsweg wird nun auch der Schieber II nach außen gedrückt. Damit ist der Spritzling außen frei und kann nun ausgeworfen werden. Eine Lösung unter Nutzung einer gekröpften Säule wird in Bild 4.84 dargestellt.

Zur maßlichen Gestaltung von Schrägschiebern werden in Bild 4.85 einige Angaben gemacht. Bei kontinuierlichen Bewegungen ist dem Schrägzugbolzen nach Bild 4.85b der Vorzug zu geben. Handelt es sich aber um stufenartig unterbrochene Bewegungen, dann ist der Zug- oder Kurvenhaken nach Bild 4.85a zu verwenden. Die Bolzenvariante ist kostengünstiger realisierbar.

Bild 4.84: Geometrie zum Entformen eines Formkerns

1 Schieber, 2 gekröpfte Säule, 3 Verdrehsicherung

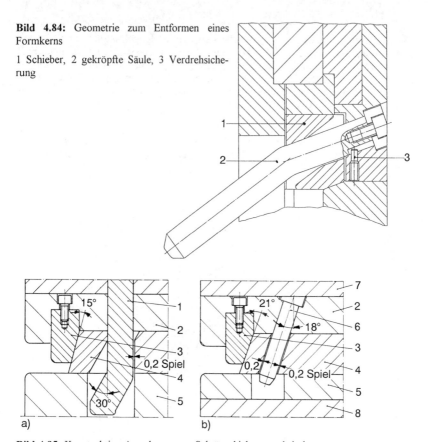

Bild 4.85: Konstruktive Anordnung von Schrägschiebern und -bolzen

a) Anordnung von Kurvenstücken, b) Anordnung von Schrägbolzen, 1 Kurvenstück, 2 Einsatzplatte vorn, 3 Schließflächeneinsatz, 4 zu bewegendes bewegliches Werkzeugelement, 5 Einsatzplatte hinten, 6 Schrägbolzen, 7 Aufspannkörper vorn, 8 Zwischenplatte

Auch die Verriegelung von Schiebern kann nach dem Keilprinzip vorgenommen werden. Dazu zeigt das Bild 4.86 eine konstruktive Variante. Der Schieber wird formpaarig in seiner Lage gehalten. Der Verriegelungsschieber wird durch ein Rastgesperre in der entriegelten Stellung fixiert. Bei der Formschiebersicherung nach Bild 4.87 wird die Verriegelung gegen einen Stift im Schieber vorgenommen. In Bild 4.88 werden beim Öffnen der Form die Formschieber nicht mechanisch zwangsweise, sondern durch Federkraft bewegt. Die Schieber richten sich im Endzustand an einem Rundzapfen aus. Damit wird eine genaue mittige Stellung beider Schieber erreicht.

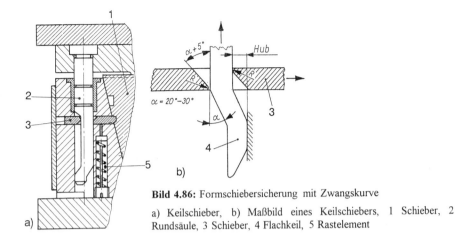

Bild 4.86: Formschiebersicherung mit Zwangskurve

a) Keilschieber, b) Maßbild eines Keilschiebers, 1 Schieber, 2 Rundsäule, 3 Schieber, 4 Flachkeil, 5 Rastelement

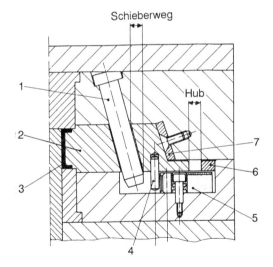

Bild 4.87: Formschiebersicherung

1 Schrägstift, 2 Schieber, 3 Spritzteil, 4 Anschlagstift zum Klammern, 5 Schieberklammer, 6 Stopp-Leiste, 7 Führungsleiste

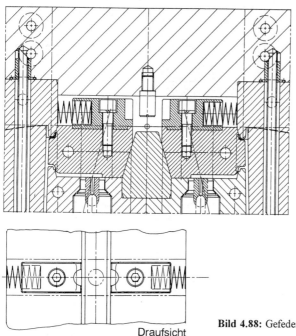

Draufsicht   **Bild 4.88:** Gefederte Formschieberrückführung

4.5 Temperaturführung

Zur Temperierung von Formeinsätzen in Spritzgießformen können Kühlungen und Heizungen verwendet werden. Die Temperatur der Spritzgießform beeinflußt die Spritzzykluszeit, weshalb eine optimale Temperierung anzustreben ist. Günstig sind mehrere Temperierkreise, die auch einzeln geregelt werden können. Damit läßt sich die Betriebstemperatur im vorteilhaften Bereich halten. Temperierkreise werden meistens durch Bohrungssysteme in den Formaufbauten realisiert. Es ist aber manchmal schwierig, immer einen geschlossenen Kreislauf zu erreichen. Stets sind Ausstoßer, Formkerne, Befestigungsschrauben und auch Heißkanaldüsen zu umgehen.

Eine präzise Regelung der Temperatur erfordert natürlich auch richtig plazierte Thermofühler im Werkzeug, die die Temperaturinformation bereitstellen.

Eine Hilfe sind vorgefertigte Temperierkreisläufe in Form von Rohrleitungen, die in gefräste Nuten eingelegt und mit einer gut wärmeleitfähigen Gießmasse einzugießen sind. Ein- und Ausgang der Temperierkreise sind mit Standardelementen auszuführen (Bild 4.89). Sie sind größengestuft. Zur elektrischen Beheizung werden Ringheizkörper (Heizbänder), Rohrheizpatronen und Wendelheizelemente verwendet. Damit ein guter Wärmeübergang stattfindet, sollen die Heizelemente möglichst ohne Spiel gut sitzen. Einige Einbaubeispiele für Kühlwasserkreisläufe sind in Bild 4.90 dargestellt. Die Kühlrohre können in Serienschaltung betrieben werden, wie es Bild 4.90b zeigt, aber auch in Parallelschaltung. Matrixartige Anordnungen ergeben eine Flächenkühlung. Zur Führung des Mediums können Zwischenwände (Schott) gesetzt sowie doppelwandige Leitungen oder Nutführungen angelegt werden.

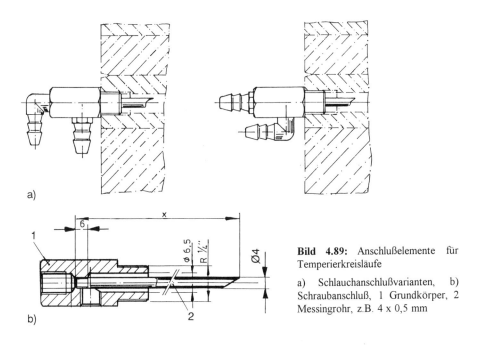

Bild 4.89: Anschlußelemente für Temperierkreisläufe

a) Schlauchanschlußvarianten, b) Schraubanschluß, 1 Grundkörper, 2 Messingrohr, z.B. 4 x 0,5 mm

Ein Beispiel für die Kernkühlung einschließlich Umlenkung des Mediums zeigt Bild 4.91. Die Kühlrohre gibt es in verschiedenen Baugrößen. Einige Erfahrungswerte für die Abmessungen enthält dazu Bild 4.92. Der Schrägungswinkel ß ist nach der Konstruktion festzulegen. Typisch sind Werte von etwa 15° bis 20°.

Der Einbau in Formteile kann in verschiedenartigen Varianten vorgenommen werden. Das Bild 4.93 zeigt einige davon.

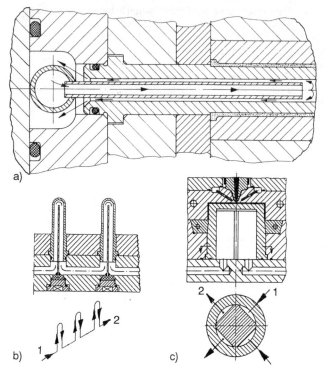

Bild 4.90: Führung des Kühlmediums [21]
a) Steigrohr-Kernkühlung, b) Serienkühlung mit Leitblech, c) Nutführung bei Kleinwerkzeugen, 1 Vorlauf, 2 Rücklauf

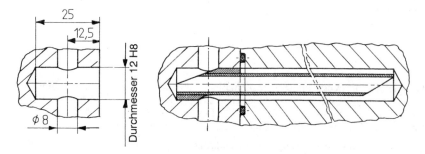

Bild 4.91: Angeschnittene Rohre gewährleisten die Umlenkung des Kühlmedien-Stromes

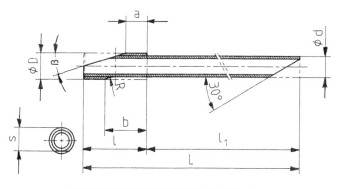

Größe	D	d	l	a	b	s	R
1	6	4	16	6	10	5	5
2	8	6	20	7	13	7	6
3	10	8	25	8,5	16,5	9	8
4	12	8	25	8,5	16,5	10	8

Bild 4.92: Kühlrohre mit Umlenkung

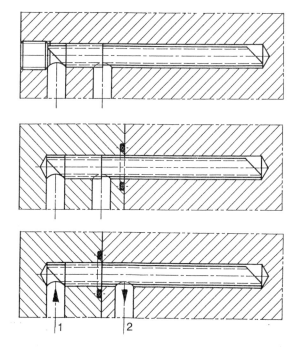

Bild 4.93: Einbauvarianten für Kühlrohre mit Umlenkung

1 Vorlauf, 2 Rücklauf

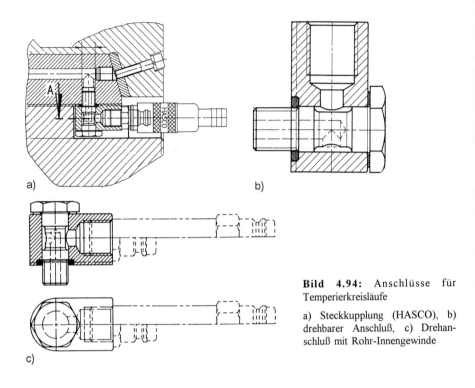

Bild 4.94: Anschlüsse für Temperierkreisläufe

a) Steckkupplung (HASCO), b) drehbarer Anschluß, c) Drehanschluß mit Rohr-Innengewinde

Ausschlaggebend ist der Werkzeugaufbau und die Freiheit für das Anbringen von Bohrungen. Wie der Anschluß nach außen mit Standardbauteilen gestaltet werden kann, das sieht man in Bild 4.94. Für die Weiterführung kann man auf Steck- und Schraubanschlüsse zurückgreifen.

Diese Beispiele zeigen übrigens, daß die Temperaturführung erhebliche Kosten im Werkzeugbau verursacht und sich schon im Planungsstadium auch in der Kalkulation des Preises niederschlagen muß.

Ein Beispiel für eine Kühlleitung in einer Spritzgießform, die mit Gießmasse in die Form eingebettet wurde, ist in Bild 4.95 dargestellt. Sie wurde um die Werkzeugelemente herumgelegt. Weitere Beispiele sind in den Bildern 4.96 und 4.97 enthalten. Es wurden jeweils mehrere Kühlkreisläufe angelegt. Lange dünne Formkerne zu kühlen, wie es bei trichterförmigen Teilen nötig ist, erfordert übrigens auch hohe Präzision im Werkzeugbau. Das Bild 4.97 zeigt einen spiraligen Schneckenkanal, in welchem das Kühlmittel von innen nach außen durchläuft. Das Spritzgußteil ist tellerförmig.

Schließlich werden noch Stellventile gebraucht, um das Zu- und Abstellen von Kühlmittel, die Druckeinstellung und -konstanthaltung sowie die Anzeige von Drücken zu gewährleisten. Übliche Geräte werden dazu in Bild 4.98 gezeigt. Ihre Anschlußstellen orientieren sich an den gängigen Rohr- und Schlauchabmessungen, wie z.B. 3/8'' (9 mm), 1/2'' (13 mm) und 3/4'' (19 mm).

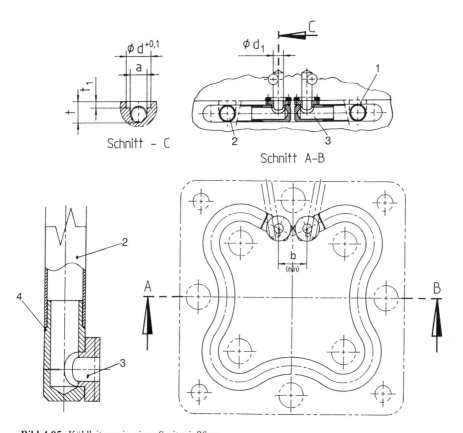

Bild 4.95: Kühlleitung in einer Spritzgießform
1 Gießmasse, 2 Kupferrohr, 3 Endstück, 4 Lötstelle

Kreislaufsysteme werden gern eingesetzt, weil mit den Medien Öl, Wasser oder speziellen Flüssigkeiten sowohl geheizt als auch gekühlt werden kann. Das hat natürlich auch seinen Preis, denn die Kanäle müssen konturbezogen eingearbeitet werden.

Die Funktion "Heizen" gehört also ebenfalls mit zur Temperaturführung. Es betrifft vor allem Spritzdüsen mit Heißkanal, wie sie bereits im Abschnitt 4.2.7 vorgestellt wurden.

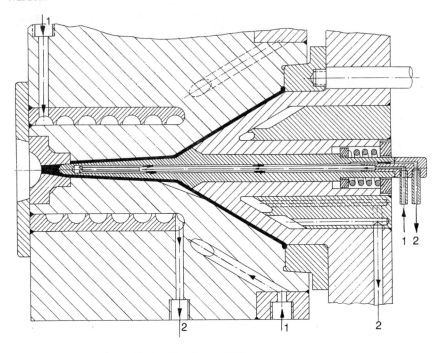

Bild 4.96: Kühlung eines schlanken Formkernes [21]
1 Medienvorlauf, 2 Rücklauf

Zur Ergänzung sind in Bild 4.99 nochmals zwei Beispiele dargestellt. Bei der Verwendung elektrischer Heizelemente ist zu beachten, daß diese nach den Vorschriften des VDE zugelassen sind.

In Bild 4.100 wird eine Kupplung zum schnellen Wechsel von Kühlwasseranschlüssen an einer Spritz- oder Druckgußform gezeigt. Der Durchfluß des Kühlmediums kann im Rücklaufstrang mit einen Ventil eingestellt werden. Zur Kontrolle des Kühlmittelumlaufs dient ein Rücklaufkontrollkasten. Schnellkupplungen verkürzen die Umrüstzeiten und sind ein wesentliches Mittel für den rationellen Werkzeugaufbau.

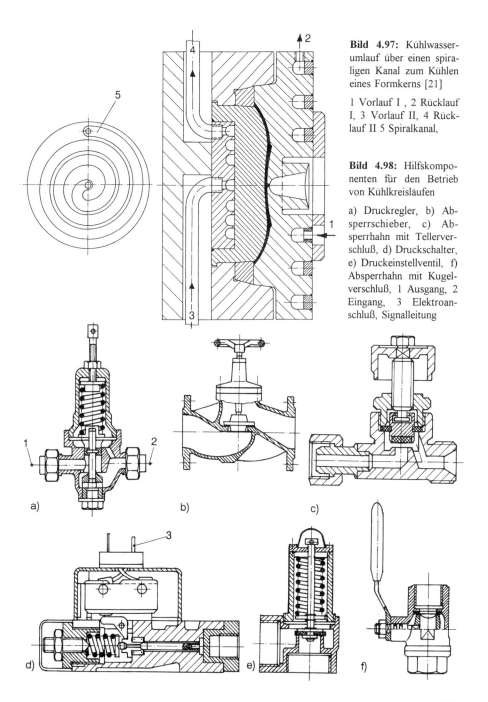

Bild 4.97: Kühlwasserumlauf über einen spiraligen Kanal zum Kühlen eines Formkerns [21]

1 Vorlauf I, 2 Rücklauf I, 3 Vorlauf II, 4 Rücklauf II, 5 Spiralkanal,

Bild 4.98: Hilfskomponenten für den Betrieb von Kühlkreisläufen

a) Druckregler, b) Absperrschieber, c) Absperrhahn mit Tellerverschluß, d) Druckschalter, e) Druckeinstellventil, f) Absperrhahn mit Kugelverschluß, 1 Ausgang, 2 Eingang, 3 Elektroanschluß, Signalleitung

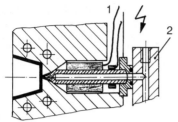

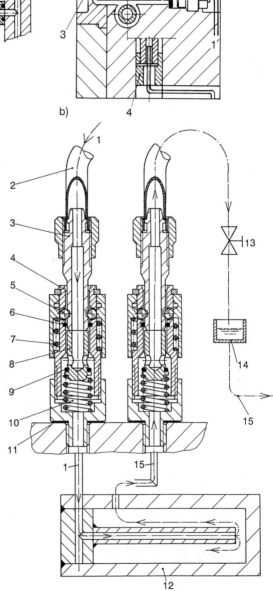

Bild 4.99: Spritzdüsen mit Heizung

a) Punktanguß, b) innen beheizter Massekanal, 1 Heizung, 2 Kanalplatte, 3 Punktanguß, 4 beheizter Massekanal.

Bild 4.100: Schnellkupplung für den Kühlwasseranschluß

1 Kühlwasservorlauf, 2 Schlauch, 3 Stecker, 4 Kupplungsbuchse, 5 Rastkugel, 6 Dichtung, 7 Druckfeder, 8 Kontaktkörper, 9 Dichtung, 10 Druckfeder, 11 Flachdichtung, 12 Formkern, 13 Stellventil, 14 Behälter für Sichtkontrolle, 15 Kühlwasserrücklauf

5 Entnahme-, Zuführ- und Einlegevorrichtungen

5.1 Allgemeine Anforderungen

Handhabungseinrichtungen haben auch in der Urformtechnik Eingang gefunden. Sie sind meistens begleitende Technik auf dem Weg zur Automatisierung von Gießabläufen. Der Spannbogen reicht vom einfachen Pick-and-Place Gerät zur Entnahme von Teilen bis hin zu Fertigungszellen mit Industrierobotern. Triebfeder ist zum einen, den gefährlichen Umgang mit heißem Material auf die Maschine zu verlagern und zum anderen geht es um möglichst schnelle Taktfolgen beim Gießen, also um die Rationalisierung der Fertigung.

Handhabungseinrichtungen werden für folgende Aktionen benötigt:

→ Schöpfen, Bewegen und Ausgießen von Portionen flüssigen Metalls;
→ Zuführen von Schmelzgut, wie z.b. Masseln, zum Schmelzofen;
→ Entnahme von Gußstücken und Resten aus der Maschine;
→ Einlegen von Einzelteilen, in Formen bei der Herstellung von Verbundguß;
→ Palettieren von Gußstücken und
→ Handhaben von Gußstücken zum Zweck nachfolgender Operationen, wie z.B. Fügen, Putzen, Entgraten, Konservieren.

Am meisten verbreitet sind Entnahmeeinrichtungen, deren Greifer allerdings den Gußstücken jeweils anzupassen sind. Gleichmäßige Gießzyklen sind übrigens auch für die Temperaturführung wichtig.
Nachfolgend soll auf einige Lösungen eingegangen werden.

5.2 Ausführungsbeispiele

Das Bild 5.1 zeigt eine Entnahmevorrichtung für Gußteile. Sie ist auf die Holme der Druckgießmaschine aufgesetzt. Nach dem Öffnen der Druckgußform wird das Gußstück ausgeworfen und fällt in den Fangkorb. Dann setzt sich der Parallelogramm-Arm in Bewegung und hält über dem Abtransportband an. Nun öffnet sich die Klappe des Fangkorbes und das Gußteil fällt auf das Förderband. Die Entnahme ist beendet und der Arm bleibt in dieser Position, um nach dem nächsten abgeschlossenen Gießvorgang wieder zur Druckgießmaschine einzuschwenken. Diese Lösung ist einfach und kostengünstig.

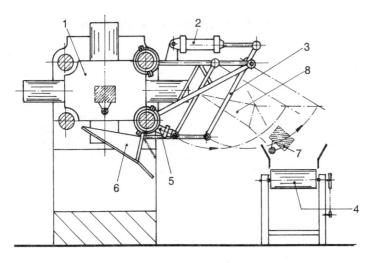

Bild 5.1: Entnahmevorrichtung für Gußstücke an einer Druckgießmaschine
1 Druckgießform, 2 Arbeitszylinder für die Schwenkbewegung, 3 Parallelogramm- Arm, 4 Förderband, 5 Arbeitszylinder für die Klappenöffnung des Fangkorbes, 6 Fangkorb mit Klappe, 7 entnommenes Gußteil, 8 Warteposition

In Bild 5.2 wird eine Auswerfervorrichtung an einer Vertikal-Druckgießmaschine gezeigt. Nach dem Gießvorgang schiebt der Druckkolben (Schußkolben) den Preßkuchen nach oben und bleibt in dieser Position, bis der Gießrest durch den Auswerfer mit Hilfe einer Wischbewegung in die Abführ-Gleitbahn geschoben wurde. Der " Wischer " kann eine Drahtfeder sein, wie man es in Bild 5.2 sieht, oder auch eine Drahtbürste. Letztere bewirkt außerdem einen gewissen Reinigungseffekt. Der Schwenkwinkel kann z.B. 120° betragen. Auswerfer sind für die Gestaltung automatischer Abläufe unerläßlich, weil sonst die Entnahme von Hand ausgeführt werden muß, ehe Metall mit dem Füllrohr eingebracht wird.

In Bild 5.3 sieht man ein Entnahmegerät, welches den Greifer in 2 Achsen bewegen kann. Es sind auch waagegerechte Installationen der Fahrsäule möglich. Von Vorteil ist, daß der Arm beim Zurückfahren nicht nach hinten Armteile ausfährt und daß die Greiferausrichtung durch mechanische Verkopplung in jeder Lage gleich ist. Die Entnahmeeinrichtung kann z.B. dicht vor einer Wand stehen. Das Gußstück wird aus der Maschine entnommen und zu einer Ablagestelle gebracht, z.B. eine Rinne zum Abgleiten in einen Behälter.

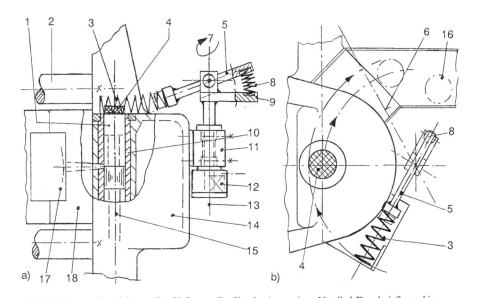

Bild 5.2: Auswerfvorrichtung für Gießreste (Preßkuchen) aus einer Vertikal-Druckgießmaschine
a) Ansicht im Teilschnitt, b) Draufsicht, 1 Unterkolben, 2 Säule der Druckgießmaschine, 3 Feder, 4 Gießrest, 5 Hebelarm, 6 Schwenkbereich, 7 Schwenkbewegung, 8 Anpreßfeder, 9 Federstütze, 10 Füllbüchse senkrecht, 11 Drehlager, 12 Drehflügelantrieb, 13 Drehachse, 14 Druckgießmaschine, 15 Unterkolben, untere Stellung, 16 Gleitrinne, 17 Formnest, 18 Form

Der in Bild 5.4 gezeigte Arm fährt zwei Positionen an: Die Entnahmeposition und die Abwurfposition über der Abgleitrinne.

Eine andere Lösung für den Anbau sieht man in Bild 5.5. Der Entnahmearm ist hier bewegungsmäßig an den Hub des Zentralauswerfers angekoppelt. Das ergibt eine Bewegung in Öffnungsrichtung. Der Greifer packt das Werkstück vor dem Auswerfen aus der Form. Mit dem nachfolgenden Auswerferhub bewegt sich dann auch der Greifer durch das Ankoppelprinzip mit. Dann kommt der Hub II durch einen entsprechenden Hubzylinder zustande. Das gegriffene Teil kann nun aus der Form ausgeschwenkt werden. Dazu ist ein Schwenkzylinder angebaut. Das Teil wird dann über einer Abgleitrinne abgeworfen.

Die Funktion der in Bild 5.6 dargestellten Entnahmeeinrichtung ist Greifen-Entnehmen-Bewegen-Ablegen. Das Teil ruht auf vorstehenden Auswerferstiften, die zurücklaufen, wenn das Gußteil erfaßt wurde. Ein einfacher Wechselflansch erlaubt

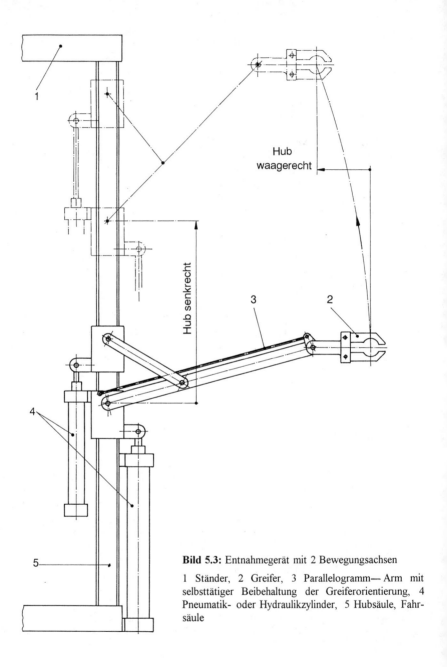

Bild 5.3: Entnahmegerät mit 2 Bewegungsachsen

1 Ständer, 2 Greifer, 3 Parallelogramm—Arm mit selbsttätiger Beibehaltung der Greiferorientierung, 4 Pneumatik- oder Hydraulikzylinder, 5 Hubsäule, Fahrsäule

das rasche Wechseln des Greifers. Es gibt auch Greiferlösungen, bei denen man ausreichende Flexibilität bezüglich der Werkstückform erreicht, wenn nur die Greiforgane ausgetauscht werden. Das Greiferbeispiel in Bild 5.6a bezieht sich auf eine horizontale Druckgießmaschine, während das Entnahmebeispiel eine vertikale Druckgießmaschine betrifft.

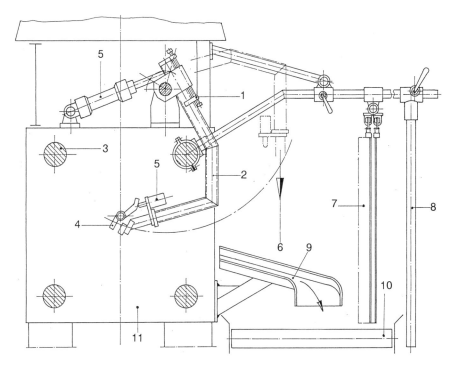

Bild 5.4: Aufbau eines Entnahmearms an einer Druckgießmaschine (Ansicht gegen die bewegliche Formaufspannung)

1 Positionsjustierung des Armes, 2 Entnahmearm, 3 Holm, 4 Greifer, 5 Arbeitszylinder, 6 Abwurfrichtung, 7 Schutztür, 8 Ständer, 9 Abgleitrinne, 10 Rollengang, 11 Druckgießmaschine

Eine Kombination von Maschinen und Vorrichtungen zu einer Anlage zum Gießen und Bearbeiten von Gußstücken zeigt das Bild 5.7. Die Gußteile werden mit einer Handlingeinheit der Gießmaschine entnommen und an einer oder an zwei Stationen bearbeitet. Anguß, Grat und Gußstück werden getrennt abgelegt und abgeführt. Anguß und Grat werden sofort vor Ort wieder eingeschmolzen. Die Gußstücke werden in eine Boxpalette abgeworfen.

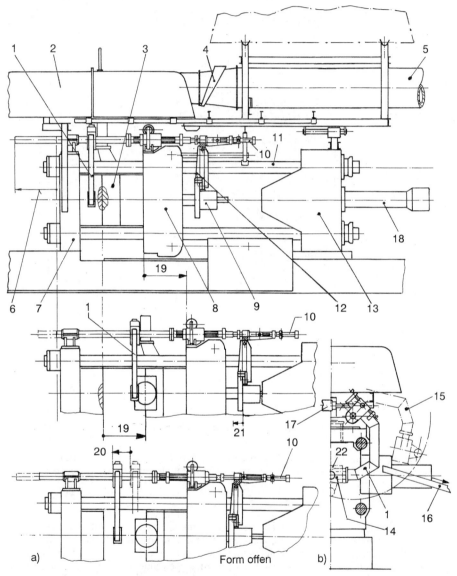

Bild 5.5

Bild 5.5 (Seite 196): Handhabeeinrichtung für Gußstücke an einer Druckgießmaschine
a) Vorderansicht, b) Seitenansicht mit Blick auf die bewegliche Formseite, 1 Entnahmearm, 2 Haube, 3 Form, geschlossen, 4 Anschluß, 5 Absaugrohr, 6 Gesamthub, 7 feste Formhälfte, 8 bewegliche Formhälfte, 9 Auswerferzylinder, 10 Hubzylinder, 11 Säule, Holm, 12 Anschlußeinheit zur Verbindung von Auswerfereinheit bzw. Zentralauswerfer und Entnahmearm, 13 Querhaupt, 14 Greifer, 15 Entnahmearm in Abwurfstellung, 16 Abgleitrinne für abgeworfene Gußstücke, 17 Schwenkzylinder für Entnahmearm, 18 Schließzylinder, 19 Öffnungshub, 20 Hub II, 21 Hub I, 22 Gußstück

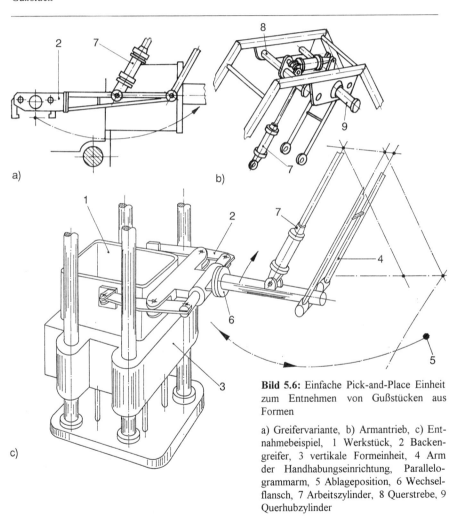

Bild 5.6: Einfache Pick-and-Place Einheit zum Entnehmen von Gußstücken aus Formen

a) Greifervariante, b) Armantrieb, c) Entnahmebeispiel, 1 Werkstück, 2 Backengreifer, 3 vertikale Formeinheit, 4 Arm der Handhabungseinrichtung, Parallelogrammarm, 5 Ablageposition, 6 Wechselflansch, 7 Arbeitszylinder, 8 Querstrebe, 9 Querhubzylinder

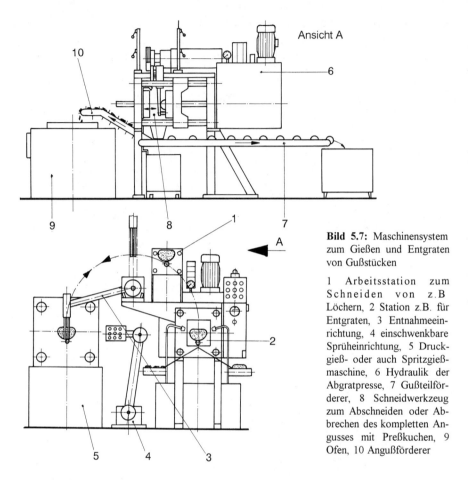

Bild 5.7: Maschinensystem zum Gießen und Entgraten von Gußstücken

1 Arbeitsstation zum Schneiden von z.B Löchern, 2 Station z.B. für Entgraten, 3 Entnahmeeinrichtung, 4 einschwenkbare Sprüheinrichtung, 5 Druckgieß- oder auch Spritzgießmaschine, 6 Hydraulik der Abgratpresse, 7 Gußteilförderer, 8 Schneidwerkzeug zum Abschneiden oder Abbrechen des kompletten Angusses mit Preßkuchen, 9 Ofen, 10 Angußförderer

Die Entnahme von Druckgußteilen aus der Maschine zeigt das Bild 5.8 in zwei Varianten. Es wurde jeweils ein Waagerecht-Fahrwerk verwendet. Die Entnahme unterscheidet sich wie folgt:

→ Entnehmen mit Fangkorb

Das ausgestoßene Werkstück wird von einem Korb aufgefangen, der unter die Auswurfstelle fährt. Das Werkstück ist im Korb in beliebiger Lage, also ungeordnet. Es wird an der Ausgabestelle in einen Behälter abgeworfen. Der Korb ist werkstückunspezifisch und muß bei Werkzeugwechsel nicht umgerüstet werden.

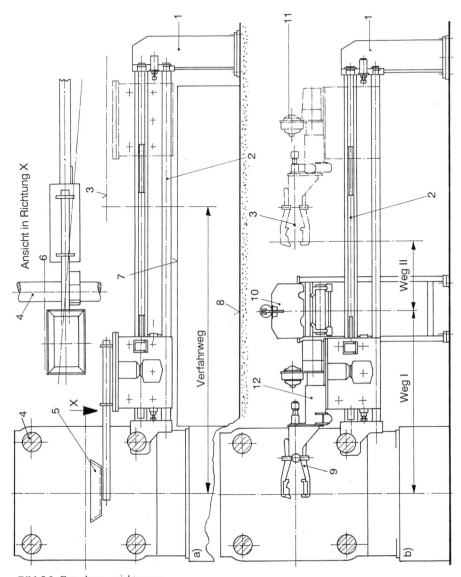

Bild 5.8: Entnahmevorrichtungen

a) Entnehmen mit Fangkorb, b) Entnehmen mit Greifer, 1 Ständer, 2 Rundsäulenlaufwerk, 3 Endstellung zum Abwerfen, 4 Säule, 5 Fangkorb, 6 Formteilungsebene, 7 Podest für Bedienperson, Abgreifhöhe von Hand, 8 Hallenfußboden, 9 Greifer, 10 Abgratpresse, 11 Hydraulik für Greifer, 12 Querhubverfahrwerk

➜ Entnehmen mit Greifer

Nach dem Öffnen des Werkzeugs fährt der Greifer ein und erfaßt das Werkstück. Es hat im Greifer eine definierte Position und kann deshalb in eine Entgratepresse eingelegt werden. Im nächsten Wegschritt kann das Teil z.B. in einem Magazin geordnet abgelegt werden. Der Greifer ist in starkem Maße werkstückabhängig und muß meistens gewechselt werden, wenn ein anderes Teil gefertigt wird. Das Problem vereinfacht sich, wenn an einem stets gleichen Anguß angefaßt werden kann. Dieser steht aber wiederum nach dem Entgraten nicht mehr zur Verfügung. Wie das Bild 5.8b zeigt, braucht die Handhabungseinrichtung für das Einlegen in die Entgratepresse eine Querverfahreinheit als zusätzliche Bewegungsachse.

Schon vor 20 Jahren kam man darauf, den freiprogrammierbaren Industrieroboter anstelle des Bedieners einer Fertigungszelle mit Spritzgießmaschinen einzusetzen (Bild 5.9). In Mehrmaschinenbedienung werden die Spritzlinge aus zwei Maschinen wechselweise entnommen.Sie werden am Anguß angepackt und gegen eine Messer-Einheit gehalten. Stück für Stück wird so vom Anguß abgetrennt und fällt auf ein Förderband. Der noch vom Greifer festgehaltene Anguß wird über einem Sammelbehälter fallengelassen.

Fällt eine Spritzgießmaschine vorübergehend aus, dann läuft die "halbe" Zelle automatisch weiter bis die Störung behoben ist. Das Ritual kann auch anders laufen, z.B. lassen sich plattenförmige Teile mit dem Saugergreifer festhalten. Dann wird der Spritzling in die Abgratpresse gelegt, um den Abguß abzutrennen. Die Teile werden dann geordnet abgelegt. Anstelle des Ablegens können die Teile z.B. auch in eine Druckstation eingelegt werden. Dort werden dann im Tamponprintverfahren Schriftzüge oder Dekor aufgebracht.

Spritzgießteile aus Kunststoff erhalten heute häufig metallische Einlegeteile, wie z.B. Naben. Die Teile müssen direkt in die Kavitäten des Spritzgießwerkzeuges eingelegt werden. Dieser Vorgang kann mit dem Roboter bewältigt werden. Die Handhabung läuft in folgenden Schritten ab:

➜ Freigabe der Spritzgießmaschine zum Beschicken der Form,

➜ Entformung der Fertigteile durch Auswerfer. Abgleiten der Teile über eine Rinne in einen Sammelbehälter.

➜ Zeitgleich fährt der Roboter zwischen die Formhälften des Spritzgießwerkzeugs,

➜ Positionierung des Greifers an der düsenseitigen Formhälfte und Eingabe der Einlegeteile,

➜ Anfahren der beweglichen Formhälfte und Prüfung aller Kavitäten, ob alle Spritzgießteile korrekt entformt wurden. Dazu sind am Greifer entsprechende Sensoren angebracht.

→ Rückfahrt des Roboterarms in die Freigabeposition und Freigabe der Schließbewegung der Spritzgießmaschine.

→ Anfahrt der Magazinplätze in der Peripherie des Roboters und Aufnahme neuer Inserts mit dem Greifer. Bei einem Mehrfachwerkzeug wiederholt sich der Übernahmevorgang entsprechend oft.

Das Spritzgießwerkzeug muß allerdings für diese Art der Automatisierung vorbereitet sein. So sind entsprechende Einführschrägen für das "Fügen" der Einlegeteile notwendig und auch die Fügetoleranzen müssen so bemessen sein, daß der Roboter keine großen Fügekräfte beim Einlegen aufbringen muß. Natürlich muß auch der Roboter eine hinreichende Wiederholgenauigkeit aufweisen, z.B. < 0,05 mm. Eine exakte Einlegeteil-Positionierung kann man auch während des Schließens des Werkzeugs erreichen, wenn geeignete Zentrierschrägen am Werkzeug angebracht sind.

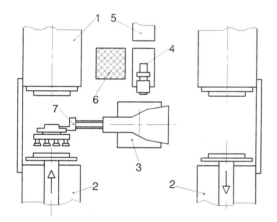

Bild 5.9: Mehrmaschinenbedienung mit den Industrieroboter

1 Spritzgießmaschine, 2 bewegliche Formhälfte, 3 Industrieroboter, 4 Arbeitsstation zum Abtrennen der Spritzlinge vom Anguß, 5 Förderband, 6 Behälter zum Sammeln der Angüsse, 7 Greifer

Das Bild 5.10 zeigt eine Entnahmevorrichtung, die die Teile aus der geöffneten Form entnimmt und an eine Abgratepresse übergibt. Es handelt sich um ein Schwingarmsystem, welches an der Säule der Spritzgießmaschine befestigt wurde. Der Auswerferhub ist mit dem Greifvorgang synchronisiert. Das Werkstück wird mit einem Klemmbackengreifer erfaßt. Die Abgratepresse schwenkt dann das Teil nach dem Abgraten zum Transportband. Von dort wird es zum Sammelplatz gebracht (geordnetes oder ungeordnetes Speichern). Abfälle gelangen über Gleitbleche zum Abfallbehälter.

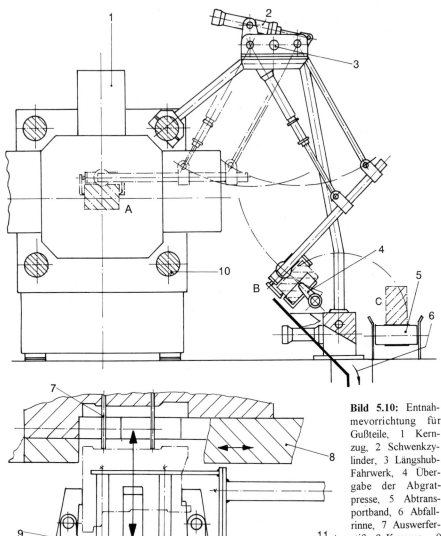

Bild 5.10: Entnahmevorrichtung für Gußteile, 1 Kernzug, 2 Schwenkzylinder, 3 Längshub-Fahrwerk, 4 Übergabe der Abgratpresse, 5 Abtransportband, 6 Abfallrinne, 7 Auswerferstift, 8 Kernzug, 9 Längshubzylinder, 10 Holm der Druckgießmaschine, 11 Ausfahrhub, A Greifposition, B Entgrate-, C Ablageposition

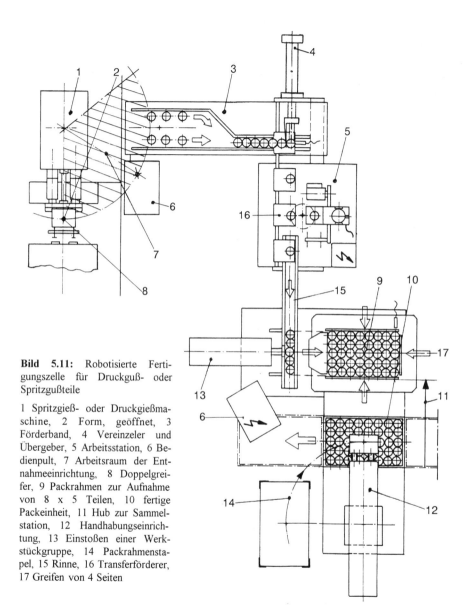

Bild 5.11: Robotisierte Fertigungszelle für Druckguß- oder Spritzgußteile

1 Spritzgieß- oder Druckgießmaschine, 2 Form, geöffnet, 3 Förderband, 4 Vereinzeler und Übergeber, 5 Arbeitsstation, 6 Bedienpult, 7 Arbeitsraum der Entnahmeeinrichtung, 8 Doppelgreifer, 9 Packrahmen zur Aufnahme von 8 x 5 Teilen, 10 fertige Packeinheit, 11 Hub zur Sammelstation, 12 Handhabungseinrichtung, 13 Einstoßen einer Werkstückgruppe, 14 Packrahmenstapel, 15 Rinne, 16 Transferförderer, 17 Greifen von 4 Seiten

Die Verkettung mehrerer Arbeitsmittel zur Herstellung von Spritzguß- oder Druckgußteilen wird in Bild 5.11 gezeigt. Der Ablauf ist automatisiert. Die

Entnahmeeinrichtung entnimmt gleichzeitig 2 Gußstücke und legt sie auf dem Förderband ab. Dann werden sie einzeln in eine Arbeitsstation eingegeben. Sie ist je nach Bedarf mit Einheiten zum Fügen, Entgraten, Konservieren oder Prüfen ausgestattet. Anschließend gelangen sie gruppenweise in eine Versandverpackung. Die fertigen Packeinheiten stehen dann zum Abtransport bereit. Das Prüfen kann auch mehrstufig erfolgen, z.B. Ablegen des Teils auf einer Prüfwaage mit 0,01 Gramm Toleranz und im zweiten Prüfschritt Kontrolle der Referenzmaße, der Lage von Einspritzmetallteilen, Luftdurchgang u.a.

Die in Bild 5.12 gezeigte Entnahmeeinrichtung besteht aus dem Linien-Portalbalken, dem Fahrwerk, dem auswechselbaren Ausleger und den Greiforganen. Sie ist am

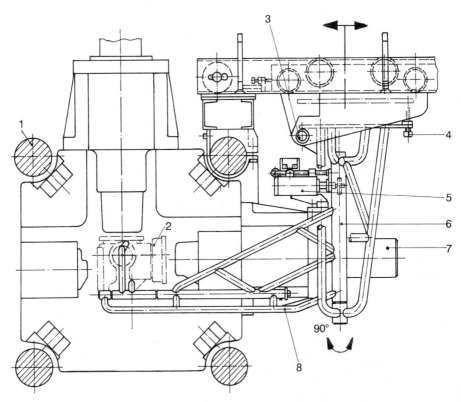

Bild 5.12: Spezialisierte Entnahmeeinrichtung mit Linearportal-Fahrwerk

1 Holm der Druckgießmaschine, 2 Gußstück, 3 Bolzen zum Auswechseln des Entnahmearmes (Ausleger), 4 Einstellschraube, 5 Arbeitszylinder für Schwenkantrieb, 6 Schwenkachse, 7 Kernzug, 8 Arm

Holm der Maschine befestigt. Greiforgane sind Fangbolzen, die auf das Werkstück abgestimmt sind. Nach dem Öffnen der Form fährt der Arm ein. Auswerfer stoßen das Gußstück aus, wobei es sich an den Fangbolzen auffädelt. Nun fährt der Arm, der als Rohrkonstruktion sehr schmal gehalten wurde, wieder aus. Er schwenkt um 90° zu einer Ablagestelle, wo das Gußstück verbleibt.

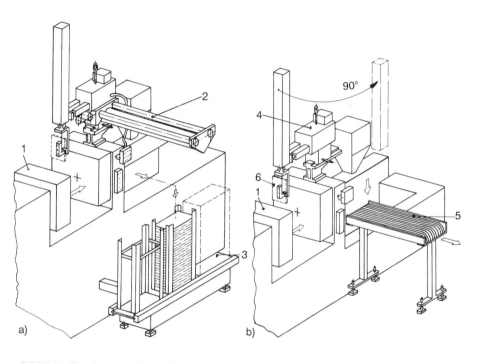

Bild 5.13: Entnahme von Spritzgußteilen aus der Maschine

a) geordnetes Ablegen in ein Magazin, b) teilgeordnetes Ablegen auf ein Förderband, 1 Spritzgieß- oder Druckgießmaschine, 2 Portalhandhabungseinrichtung, dreiachsig, 3 Magazin, 4 Handhabungseinrichtung mit Schwenkachse, 5 Förderband, 6 Greifer

Für die Teilehandhabung an Druckgieß- und Spritzgießmaschinen verwendet man heute vorzugsweise Handhabungseinrichtungen, die je nach Anwendungsfall aus Baukastenelementen zusammengebaut werden. Sie arbeiten häufig pneumatisch. Die Greifer müssen mit ihren Greiforganen dem Gußstück angepaßt werden (Bild 5.13). Solche Einrichtungen werden auch verwendet, um Einlegeteile in die Form zu bringen. Es gibt auch Einrichtungen, die auf das Entnehmen des Angußes spezialisiert sind. Die Arbeitsphasen eines solchen Systems sind in Bild 5.14 dargestellt. Das Festhängen des Angußes in einer 3-Platten-Form kostet Zeit und ist zu vermeiden. Wenn ein Anguß festhängt blockiert die Maschine, der Zyklus wird unterbrochen und der Bediener muß den Anguß von Hand entfernen. Dabei kann auch die Form beschädigt werden. Man will den Bediener einsparen und automatische Zyklen fahren. Zurückbleibendes Material kann ebenfalls die Form zerstören.

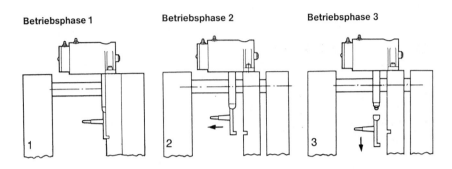

Bild 5.14: Automatische Angußentfernung (DME)
1 Greifen des Angußes, 2 Herausziehen, 3 Abwerfen

Der entnommene Anguß kann auch einer beigestellten Schneidmühle zugeführt werden, die neben der Spritzgießmaschine steht. Das Regranulat kann dann z.B. über einen Saugförderer dem Maschinentrichter der Spritzgießmaschine wieder zugeführt werden. Da das Regenerat bereits einen Verarbeitungsprozeß durchgemacht hat (Temperatur, Druck, Deformationsgeschwindigkeit) haben sich die Makromoleküle verändert. Deshalb kann der Regeneratanteil nicht beliebig sein. Es ist eine Dosierweiche zwischenzuschalten. Übertrifft das Angußgewicht das Werkstückgewicht, dann muß das Regenerat zwischengespeichert werden [11].

Schneidmühlen arbeiten mit Rotormessern, die an einem Messerbalken im Mahlraum rotieren. Sie werden mit Messern bis zu 1 m Durchmesser und bis zu Durchsätzen von einigen Tonnen je Stunde gebaut. Das Regranulat soll eine möglichst enge Korngrößenverteilung haben. Es entsteht bei der Schneidzerkleinerung von Thermoplastabfällen ein unregelmäßig geformtes Granulat (Splittergranulat) mit mittlerer Teilchengröße von einigen Millimetern. Hoher Staubanteil verändert das Fließverhalten bei der Verarbeitung in der Spritzgießmaschine und ist dabei zu vermeiden.

Das Bild 5.15 zeigt eine Portal-Zuführeinrichtung für Masseln, die automatisch an die Schmelz- und Austragöfen verteilt werden, die an den Druckgießmaschinen angebaut sind. Die Bereitstellung der Transportpaletten geschieht mit Gabelstapler. Durch das Kreuzportal ist der Roboter in der Lage, verschiedene Stapel anzufahren, so daß auch eine sortimentsgerechte Zuführung möglich ist.

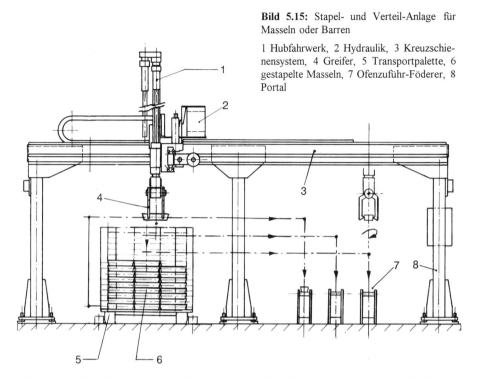

Bild 5.15: Stapel- und Verteil-Anlage für Masseln oder Barren

1 Hubfahrwerk, 2 Hydraulik, 3 Kreuzschienensystem, 4 Greifer, 5 Transportpalette, 6 gestapelte Masseln, 7 Ofenzuführ-Föderer, 8 Portal

Geordnetes Greifen erfordert problemangepaßte Greifer. Die Anpassung geschieht in der Regel durch Formangleichung der Greiferbacken. Wegen der Bedeutung soll noch einiges über Greifer gesagt werden.

Einige typische Greifer sind in Bild 5.16 dargestellt. Weil beide bogenförmig öffnen, werden sie auch als Winkelgreifer bezeichnet [12] [13]. Schwenken die Finger um einen gemeinsamen Drehpunkt, liegt das Prinzip einer Schere (Scherengreifer) vor. Das automatische Greifen von Gußstücken erfordert stets eine Synchronisierung von Einfahren des Greifers, Öffnen der Form, Auswerferaktionen in der Form sowie dem eigentlichen Zupacken der Greiforgane. Beim Antrieb der Greiferfinger über Rollenkulissen (Bild 5.16b) kann man die Schräge der Kulisse in einem kleinen Winkel gestalten, so daß beim Schließen Selbsthemmung entsteht. Dadurch kann der Greifer auch Gußstücke mit einem Masseschwerpunkt schnell handhaben, der deutlich außerhalb des Zentrums der Greiferbacken liegt. Er verkraftet dann außermittige Kraftmomente besser, ohne daß die Greiferbacken dabei aufgedrückt werden.

Bild 5.16: Backengreifer

a) Radialgreifer (Winkelgreifer), b) Scherengreifer, 1 Gußstück, Angußkuchen, Preßkuchen, 2 Greiferfinger, 3 Antriebskolben, 4 Arm der Handhabungseinrichtung, 5 zulässiger Versatz beim Anfahren der Greifposition, 6 Anschlußflansch, 7 Antriebszylinder für Greifer, 8 Drehpunkt der Finger, 9 Betätigungskulisse, 10 Greifbacke

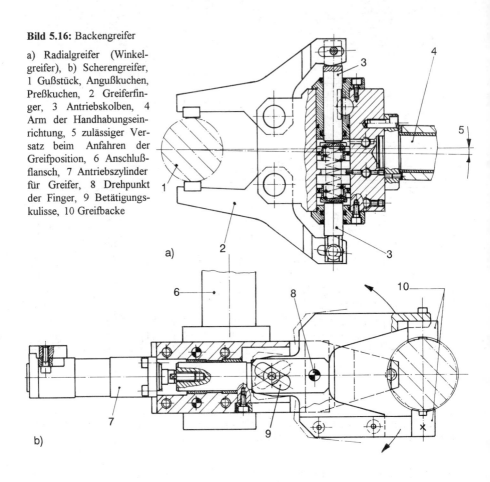

In Bild 5.17 wird schließlich eine Zuführanlage für Masseln gezeigt, bei der keine Greifer nötig sind. Die Masseln werden einzeln zu den Schmelz- und Austragssystemen gefördert. Dabei durchlaufen sie einen Hochförderer. Ein Hubzylinder gibt jede ankommende Massel in das Durchlaufmagazin. Die Rückhalteklinken arbeiten mit Gewichtszuhaltung statt einer Feder. In der Zulaufstrecke werden die Masseln entweder manuell aufgelegt oder maschinell mit einer Abstapeleinrichtung bereitgestellt. Bis zur Bereitstellposition laufen die Masseln durch Schwerkraftwirkung über einen Rollkanal.

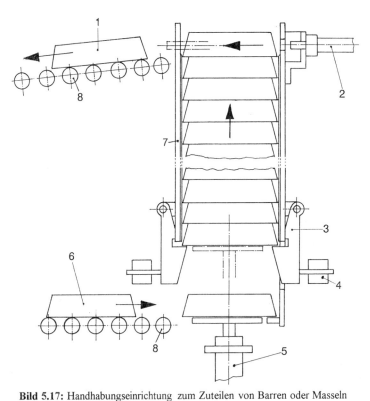

Bild 5.17: Handhabungseinrichtung zum Zuteilen von Barren oder Masseln
1 vereinzelte Massel, 2 Zuteilschieber, Arbeitszylinder, 3 Rückhalteklinke, 4 Massestück, 5 Hubzylinder, 6 Zulaufstrecke, 7 Förderschacht, 8 Rollengang

6 Putzen und Entgraten

6.1 Manuelle Bearbeitung

Die meisten Gußstücke müssen nachgearbeitet, insbesondere geputzt und entgratet werden. Gratkanten, Angußstellen und angebackene Hilfsstoffe sind zu beseitigen. Das kann manuell, mechanisiert oder automatisch erfolgen. Es lassen sich im Prinzip folgende Technisierungsstufen angeben:

➔ Entgraten und Putzen von Hand mit Feile, Schaber und rotierenden Handwerkzeugen;

➔ Entgraten mit dem Industrieroboter, der rotierende Werkzeuge führt;

➔ Sandstrahlen in Kabinen und auf speziellen Anlagen mit entsprechenden Fördersystemen;

➔ Bearbeiten in rotierenden Trommeln mit Zugabe von Schleifkörpern.

Die Technisierungsstufe ergibt sich vor allem aus der Kompliziertheit des Gegenstandes, der Stückzahl, des Umfanges der Arbeiten und der qualitativen Anforderungen.

In Bild 6.1 wird der Aufbau eines Handarbeitsplatzes für kleinere Gußstücke gezeigt. Das Gußstück wird mit Stiften, Klauen u.ä. in einer Aufnahmevorrichtung gehalten. Die Vorrichtung kann man rasch austauschen. Die Aufnahmeplatte kann z.B. auch ein Gitterrost sein. Die Platte ist dann für Putzabfälle gut durchlässig. Der Putzplatz läßt sich so einrichten, daß ergonomisch günstige Arbeitsbedingungen entstehen (Winkel- und Höheneinstellungen). Abfälle treten vor allem nach unten abgesaugt. Außer reinen Handwerkzeugen werden vor allem elektrisch angetriebene Turbofeilen eingesetzt. Auch pneumatische Handwerkzeuge (rotierende und schlagende) sind in Gebrauch. Wo immer möglich, sollten solche Werkzeuge an Gewichtskraftausgleichern hängen, um den Werker zu entlasten, Schäden am Werkzeug zu vermeiden und für einen aufgeräumten Arbeitsplatz zu sorgen. Es gibt solche Gewichtskraftausgleicher mit gleichbleibender Hubkraft und mit über dem Weg zunehmender Hubkraft.

Die wichtigsten rotierenden Fräswerkzeuge, die für das Entgraten und Putzen von Hand verwendet werden, sind in Bild 6.2 dargestellt. Sie werden über entsprechende Kupplungen (Bild 6.3) mit der rechtsdrehenden biegsamen Welle verbunden. Das Handgriffteil ist mit einem Werkzeugspannkopf ausgestattet. Es gewährleistet zentrisch exaktes Spannen. Aus der Vielzahl der möglichen Koppelsysteme werden in Bild 6.4 einige gängige Konstruktionen gezeigt.

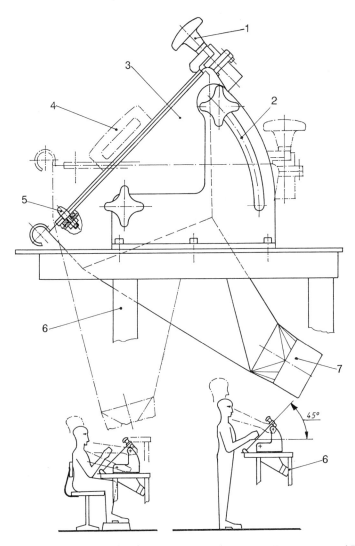

Bild 6.1: Kombinierter Sitz- Steharbeitsplatz für das manuelle Entgraten und Putzen von Gußteilen
1 Spanner für wechselbare Aufnahmevorrichtung, 2 Winkeleinstellung, 3 Trichter für Abrieb und Späne, 4 Handgriff für Wechselvorrichtung, 5 Indexierbolzen, 6 Tisch, höhenverstellbar, 7 Absaugung für Sand und Späne

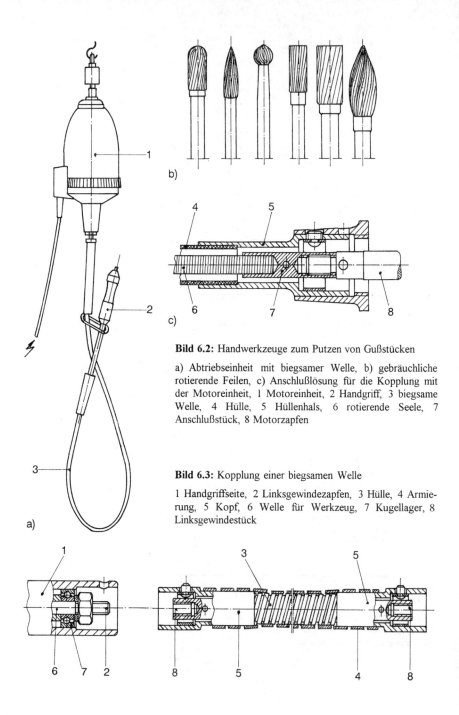

Bild 6.2: Handwerkzeuge zum Putzen von Gußstücken

a) Abtriebseinheit mit biegsamer Welle, b) gebräuchliche rotierende Feilen, c) Anschlußlösung für die Kopplung mit der Motoreinheit, 1 Motoreinheit, 2 Handgriff, 3 biegsame Welle, 4 Hülle, 5 Hüllenhals, 6 rotierende Seele, 7 Anschlußstück, 8 Motorzapfen

Bild 6.3: Kopplung einer biegsamen Welle

1 Handgriffseite, 2 Linksgewindezapfen, 3 Hülle, 4 Armierung, 5 Kopf, 6 Welle für Werkzeug, 7 Kugellager, 8 Linksgewindestück

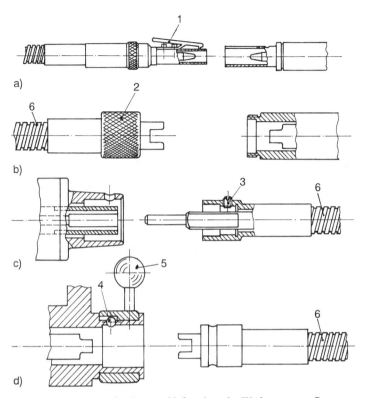

Bild 6.4: Kupplungen für den Anschluß rotierender Werkzeuge zum Putzen
a) Steckkupplung mit 2 Zungen und Sicherung durch Hakenhebel 1, b) Klauenkupplung für die rotierende Seele; Sicherung mit Überwurfmutter 2, c) Steckkupplung für den rotierenden Teil und Sicherung mit Klemmschraube 3, d) Klauenkupplung und Sicherung mit einer Kugelrastung 4 am Hals über den Handhebel 5; 6 biegsame Welle

6.2 Maschinelle Bearbeitung

Der Automatisierungsgrad des Gußputzens und Entgratens hängt von der Stückzahl und der Laufzeit des Produktes ab. Bei großen Stückzahlen kann man spezielle Maschinen entwerfen, die dann auch nach mehrmaligem Umspannen alle Seiten bearbeiten können.

Der Aufwand ist jedoch hoch und die Verarbeitung ist entsprechnd gering. Am brauchbarsten sind da noch Sandstrahlsysteme. In Bild 6.5 wird eine Einrichtung gezeigt, die mit Drahtbürsten reinigt. Die Arbeitshöhe kann nach den Gußstücken eingerichtet werden.

Auch das Wenden der Gußstücke ist in den Gesamtablauf einbezogen. Man könnte die Einrichtung noch erweitern, so daß auch das Wenden in der anderen Ebene stattfindet. Dann ist das Abförderband winklig anzusetzen.

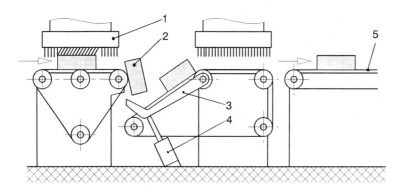

Bild 6.5: Wenden von Gußstücken

1 Station mit Drahtbürstenreinigungseinheit, 2 Gußstück, 3 Aufprallplatte, 4 Hubzylinder, 5 Transportkette

Beim Einsatz von Industrierobotern sind 2 Varianten zu unterscheiden:

➔ Programmgesteuertes Schleifen mit einer lastabhängigen adaptiven Steuerung und
➔ nicht vorprogrammiertes Schleifen mit einem Master-Slave-System.

Ein solches interaktives System wird in Bild 6.6 vorgestellt. Ein Universalroboter wurde so ausgestattet, daß er als Slave (Sklave) verwendet werden kann. Am Handgelenk des Roboters sind Kraftmomentensensoren angebaut, die ein Kraft-Feedback zum Steuerhebel des Bedieners herstellen. Der Roboter kann ein 10 kW-Schleifaggregat führen. Die Bewegungen werden vom Bediener aus der Glaskanzel per Analogsteuerhebel vorgeführt. Die Gußstücke können dabei auch auf einem steuerbaren Runddrehtisch aufgelegt sein. Da gefühlsmäßig nach Andrückkraft gesteuert wird, wirkt sich die Abnutzung der Schleifscheibe nicht auf das Arbeitsergebnis aus.

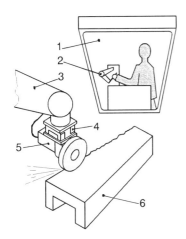

Bild 6.6: Steuerung eines Entgrateroboters mit Master-Slave-System (nach IPEA)

1 Bedienstand, 2 Analog-Steuerhebel, 3 Industrieroboter, 4 Sensorsystem, 5 Schleifaggregat, 6 Gußstück

Werden programmgesteuerte Industrieroboter eingesetzt, so können 2 Fälle unterschieden werden :

→ Der Roboter führt das Werkzeug, z.b. eine Turbofeile und das Gußstück befindet sich feststehend in einer Haltevorrichtung (Werkzeughandhabung).

→ Der Roboter führt das Werkstück und hält es gegen ein örtlich gebundenes Werkzeug, z.B. eine Bandschleifmaschine (Werkstückhandhabung).

In beiden Fällen muß das System auf z.B. Schleifscheibenabnutzungen und unterschiedlich hohe Gratkanten selbständig reagieren. Es wird von der Steuerung adaptives Verhalten verlangt. In einfachen Fällen genügt eine gefederte Aufhängung des Schleifaggregates oder die Nachgiebigkeit einer Schwabbelscheibe bzw. eines Schleifbandes.

Bei der in Bild 6.7 dargestellten Variante wurde eine Reglerstruktur für die Lageregelung der Roboterhand eingerichtet und zwar durch Aufschalten des Motor-Iststromes auf den Lage- bzw. Drehzahlregler in Form einer Mitkopplung. Der Motorstrom stellt in erster Näherung ein direktes Abbild der äußeren Belastung dar, z.B. beim Schleifen einer Gußstückkante. Der Motorstrom steigt proportional zur Belastung (Grathöhe) an. Durch die Mitkopplung wird solange ein Weg bzw. eine Geschwindigkeit auf den Regler aufaddiert, bis die Belastung und damit der Stromanstieg kompensiert ist. Der Roboter fährt dann abweichend von seiner programmierten Bahn P1-P2. Der Schleifscheibenverbrauch wird hier automatisch kompensiert.

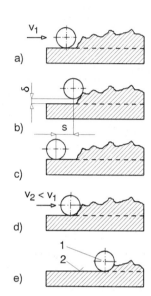

Bild 6.7: Lastadaptive Regelung

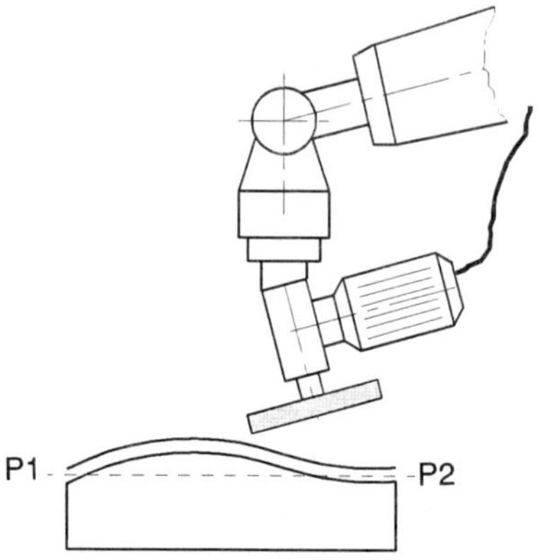

Bild 6.8: Entgraten mit dem Industrieroboter

a) programmierter Weg, b) Anzeige der Abweichung δ, c) Rückführung des Werkzeugs um den Betrag s, d) Bearbeitung mit der Geschwindigkeit v_2, e) Bearbeitung wieder mit v_1, 1 Werkzeug, 2 Werkstückoberfläche

Das Problem der adaptiven Anpassung wird auch in Bild 6.8 nochmals gezeigt. Der Roboter schaltet hier auf Ausweich-Routinen im Verfahrweg um, wenn die Zerspankraft zu groß wird, weil die Grathöhe ansteigt und in einem Schnitt nicht mehr zu bewältigen ist. Es sind zwei Manöver möglich; Verringerung der Vorschubgeschwindigkeit oder Zurückgehen in der Spantiefe. Letzteres bedeutet, daß dann die entsprechende Stelle in mehreren Durchgängen bearbeitet werden muß, bis wieder die normale Grathöhe anliegt.

Bei Kleinteilen mit geringer Grathöhe von wenigen Zehntel-Millimetern kann man das Entgraten oft schon im sehr einfachen Trommelverfahren erledigen. Als Füllbeigabe können z.B. Stahlkugeln oder Mineraloxidstücke dienen. Bei größeren Teilen lassen sich eventuell Strahl- und Vibrationsanlagen verwenden. Auch das Entgraten mit einem Hochdruckwasserstrahl ist aktuell. Das Entgraten in der Trommel funktioniert auch bei Spritzgießteilen aus Kunststoff.

Für das Putzen und Entgraten von größeren Mengen von Stegteilen läßt sich auch ein Doppelbürstkopf einsetzen, wie er in Bild 6.9 im Schnitt dargestellt ist. Es mag auch

Fälle geben, wo es sinnvoll ist, einen solchen Kopf als Roboterwerkzeug zu verwenden. Die Konstruktion soll nur Anregung für ähnliche problemangepaßte Bürstaggregate sein, die maschinell geführt werden.

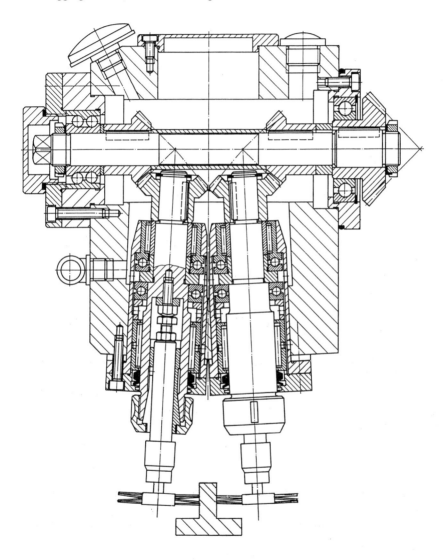

Bild 6.9: Aufbau eines Bürstkopfes für das Gußputzen und Entgraten von Stegteilen

Literatur und Quellen

[1] Engelberger, J.F.: Industrieroboter in der praktischen Anwendung. Hanser Verlag, München 1981

[2] Fritz, A.H.; Schulze, G. (Hrsg.): Fertigungstechnik. 3. Aufl., VDI-Verlag, Düsseldorf 1995

[3] Bode, E.: Konstruktionsatlas. 6. Aufl., Vieweg Verlag, Wiesbaden 1996

[4] Ambos, E.; Hartmann, R.; Lichtenberg, H.: Fertigungsgerechtes Gestalten von Gußstücken. Hoppenstedt Verlag, Darmstadt 1992

[5] Geyer, H.; Gemmer, H.; Strelow, H.: Qualitätsformteile aus thermoplastischen Kunststoffen. VDI-Verlag, Düsseldorf 1979

[6] VDI-Richtlinien; VDI 2006: Gestaltung von Spritzgußteilen aus thermoplastischen Kunststoffen. Beuth-Vertrieb, Berlin 1970

[7] Knappe, W.; Lampl, A.; Heuel, O.: Kunststoff-Verarbeitung und Werkzeugbau - Ein Überblick. Hanser Verlag, München 1992

[8] Menges, G.; Mohren, P.: Spritzgießwerkzeuge. Hanser Verlag, München 1991

[9] Menges, G.; Mohren, P.: Anleitung für den Bau von Spritzgießwerkzeugen. 2. Aufl., Hanser Verlag, München 1983

[10] Sors, L.: Werkzeuge für die Plastverarbeitung. Verlag Technik und Akademiai Kiado, Berlin und Budapest 1967

[11] Wimmer, D.: Recyclinggerecht konstruieren mit Kunststoffen. Hoppenstedt, Darmstadt 1992

[12] Hesse, S.: Greifer-Praxis. Vogel Verlag, Würzburg 1991

[13] Hesse, S.: Lexikon Greifertechnik. FESTO, Esslingen 1996

[14] Preß-, Spritzgieß- und Druckgießwerkzeuge, DIN-Taschenbuch 262. Beuth-Verlag, Berlin 1995

[15] Lichius, W.; Schmidt, L.: Rechnergestütztes Konstruieren von Spritzgießwerkzeugen. Vogel Verlag, Würzburg 1986

[16] Gastrow, H.: Der Spritzgießwerkzeugbau in 100 Beispielen. Hanser Verlag, München 1990

[17] Mennig, G. (Hrsg.): Werkzeuge für die Kunststoffverarbeitung - Bauarten, Herstellung, Betrieb. Hanser Verlag, München 1995

[18] Michaeli, W. u.a.: Technologie des Spritzgießens. Lern- und Arbeitsbuch. Hanser Verlag, München 1993

[19] Siegel, W.: Pneumatische Förderung. Vogel Verlag, Würzburg 1991

[20] Groves, W.R.: Pressen für die Kunststoffverarbeitung. Band 1 und 2, Krausskopf-Verlag, Mainz 1964

[21] Spritzgießtechnik; Formteilgestaltung, Formenbau. Firmenschrift Chemische Werke Hüls AG, Marl 1981

[22] Thilow, A.P.: Entgrat-Technik. expert Verlag, Renningen 1992

Anlage A

Checkliste für Formenbauer

Auftraggeber:
Artikel/Werkstück:
Werkstoff:
Schwindung:
Zeichnungsnummer:

Auftragsnummer:
Auftragseingang:
Entwurfstermin:
Konstruktionstermin:
Form-Termin:

Auftragsumfang

❏ Entwurf
❏ Zusammenstellung
❏ Detailzeichnungen

❏ Temperierplan
❏ Elektrodenzeichnung
❏ Einbauplan

❏.......Satz Werkstattpausen
❏.......Satz Transparentpausen
❏ Zeichnung auf Diskette

Maschinentyp........................Datenblatt vorhanden   ja ❏   nein ❏

Zentrierungen: Düsenseite Durchmesser in mm:
                            Schließseite Durchmesser in mm:
                            Düsenradius R in mm:

Befestigungen   ❏ Direktspannung
                            ❏ Pratzenspannung
                            ❏ Schnellspannsystem

Einrichtungen   ❏ hydraulischer Ausstoßer
                            ❏ hydraulischer Kernzug....................Stück
                            ❏ Formsicherungssystem

Aufbau   ❏ Stammform, Fabrikat
                            ❏ Sonderaufbau, Hersteller
                            ❏ Eigenbau nach Zeichnung

Aufbau
- ❏ Aufbau weich ❏ Aufbau vergütet ❏ komplett gehärtet
- Formplatten ❏ weich ❏ vergütet ❏ nitriert ❏ gehärtet
- Formeinsätze ❏ weich ❏ vergütet ❏ nitriert ❏ gehärtet
- Formkerne ❏ weich ❏ vergütet ❏ nitriert ❏ gehärtet
- Schieber ❏ weich ❏ vergütet ❏ nietriert ❏ gehärtet

Materialart

	1.1730	1.2162	1.2764	1.2767	1.2311	1.2312	1.2343	
Spannplatte								
Formplatten DS								
Formplatten SS								
Zwischenplatten								
Formeinsätze DS								
Formeinsätze AS								
Formkerne								
Backen(Schieber)								

Führungs- und Zentriersystem
- ❏ Führungsbolzen
- ❏ Konusfang ❏ angearbeitet ❏ eingesetzt
- ❏ gerade Vorzentrierung ❏ angearbeitet ❏ eingesetzt
- Ausstoßerplatten: ❏ Führungsbolzen ❏ Kugelführungen

Entformungssysteme
- ❏ Ausstoßersystem ❏ Abstreifersystem
- betätigt durch
- ❏ Ausstoßerbolzen und Rückstoßer ❏ ohne Federrückzug ❏ mit Federrückzug
- ❏ Kupplung für hydraulischen Rückzug ❏ separater Hydraulikzylinder
- ❏ Zugstangen ❏ Klinkenzug ❏ mechanische Rückzugseinheit, an Maschine gekuppelt
- ❏ Zweistufen-Ausstoßer, System:
- ❏ elektrische Rückstellungssicherung für Ausstoßerplatte (Mikroschalter)

Ausstoßer

- ❑ runde Ausstoßer
- ❑ Hülsenausstoßer
- ❑ Abstreiferplatte
- ❑ Schrägausstoßer

- ❑ Flachausstoßer
- ❑ Luft-Ventilausstoßer
- ❑ Abstreiferleiste
- ❑ mitlaufendes Konturenstück

- ❑ Profilausstoßer

Schieber

- ❑ Außenschieber (Stück)
- ❑ Innenschieber (Stück)
- ❑ in Trennebene (Stück)
- ❑ durch Kontur (Stück)
- Verriegelung: ❑ angeschraubt

betätigt durch:
- ❑ Schrägbolzen
- ❑ Federrückzug
- ❑ Hydraulikzylinder
- ❑ ....
- ❑ aus dem Vollen

Schraubentformung

- ❑ Kern mit Leitgewinde
- ❑ Kern ohne Leitgewinde
- ❑   Faltkerne/
  ....

betätigt durch:
- ❑ Steilgewindespinel
- ❑ Zahnstange, mechanisch
- ❑ Zahnstange, hydraulisch
- ❑ Hydraulikmotor
- ❑ Pneumatikmotor
- ❑ Elektromotor

Angußsystem

- ❑ Verteiler mit Kegelstange
- ❑ Verteiler ohne Kegelstange

- ❑ direkter Anguß   ❑ Kegel
- ❑ Tauchdüse   ❑ Vorkammerdüse   ❑ HK-Düse

- ❑ Dreiplattensystem
- ❑ HK-System:
- ❑ Isolierkanal:
- ❑ elektrischer Mehrfachstecker-Anschluß........polig/ Typ..............

❑ direkt   ❑ Unterverteiler

Anschnitt bzw. Anbindung
- ❏ direkt ❏ Tunnel ❏ Punkt ❏ Stauboden
- ❏ Film   ❏ Hilfszapfen ❏ ❏

Temperiersysteme
- ❏ Isolierplatten DS
- ❏ Isolierplatten SS ❏ Steiger mit Trennblech
- ❏ gebohrte Plattentemperierung ❏ Steiger mit Rohr
- ❏ Einsatztemperierung ❏ Steiger mit Wendel
- ❏ umlaufende Einsatztemperierung ❏ Steiger mit Kühlstiften
- ❏ Kerntemperierung
- ❏ Schiebertemperierung

Temperiermedium ❏ Wasser ❏ Öl
Temperierkreisläufe DS..........Stück SS..........Stück
Anschlußgewinde:............./System............................Typ.....................
Anschlüsse versenkt ❏ ja ❏ nein
❏ Temperaturfühler DS, System....................
❏ Temperaturfühler SS, System....................

Formnestausführung, Oberflächen
- ❏ hochglanzpoliert ❏ geschliffen ❏ verchromt
- ❏ poliert ❏ sandgestrahlt ❏ genarbt/Struktur
- ❏ strichpoliert ❏ erodiert ❏ nach VDI 3400....RA

Sonstige Festlegungen
Funktion ❏ halbautomatisch ❏ vollautomatisch
Druckfühler ❏ nein ❏ ja, Fabrikat....................
Datumsstempel ❏ nein ❏ ja, Fabrikat....................
Vakuumanschluß ❏ nein ❏ ja, Gewindeanschluß..........
Einlegeteile: ❏ nein ❏ ja ❏ von Hand ❏ vollautomatisch

Anlage B

Richtlinien und Normen

Angießbuchsen; Preß- und Spritzgießwerkzeuge DIN 16752
Angußhaltebuchsen; Preß- und Spritzgießwerkzeuge DIN 16757
Aufspannplatten → Platten
Auswerferhülsen mit zylindrischem Kopf DIN 16756
Auswerferstifte mit zylindrischen und anderen Kopfformen DIN 1530
Benennungen, Symbole; Preß-, Spritzgieß- und Druckgießwerkzeuge DIN 16750
Druckgießmaschinen; Baugruppen, Begriffe Maschinenteile DIN 24480
Elektroschnittstellen für Spritzgießwerkzeuge DIN 16765
Führungsbuchsen aus Stahl; Preß-, Spritzgieß- und Druckgießwerkzeuge DIN 16716
Führungssäulen; Preß-, Spritzgieß- und Druckgießwerkzeuge DIN 16761
Führungssäulen für Säulengestelle DIN 9825
Gestalten von Spritzgußteilen aus thermoplastischen Kunststoffen VDI-2006 (1979)
Heizpatronen, elektrische; mit Metallmantel; Maße DIN 44921
Kaltkammer-Druckgießmaschine, waagerechte; Baugrößen, Hauptmaße DIN 24482
Kunststoff-Formteile; Toleranzen und Abnahmebedingungen DIN 16901
Maschinen zum Verarbeiten von Kunststoffen und Kautschuk, Begriffe DIN 24450
Maßtoleranzen für formgebende Werkzeugteile und Spritzgießwerkzeuge DIN 16749
Platten, bearbeitete, Preß-, Spritzgieß- und Druckgießwerkzeuge DIN 16760
Rauheit der formgebenden Oberflächen von Preßwerkzeugen und Spritzgießwerkzeugen für Kunststoff-Formmassen DIN 16747
Sicherheitstechnische Anforderungen; Formpressen und Spritzpressen DIN EN 289
Zentrierflansche, feste und bewegliche Seite; Preß-, Spritzgieß- und Druckgießwerkzeuge DIN 16763
Zentrierhülsen; Preß-, Spritzgieß- und Druckgießwerkzeuge DIN 16760

Sachwörterverzeichnis

Abdrückvorrichtung 173
Abflußrohr 89
Abreißpunktanguß 128
Abschraubform 22, 155
Abstreifer 105
Abzugshaken 161
Aluminiumdruckguß 41
Angießbuchse 116
Anguß 120
Angußabtrennung 124
Angußausstoßer 175
Angußausstoßverzögerung 178
Angußentfernung, automatische 206
Angußkralle 125, 154
Angußsystem 120
Angußzieher 124
Anschnitt 120
Anspritzung, angußlose 122
Aushebeschräge 18
Austragsystem 67
Auswerfen, verzögert 105
Auswerfer 23, 104
Auswerferkopf 95

Backengreifer 208
Bandanschnitt 138
Beischmelze 65
Bogenverteilung 148
Bürstkopf 217

Checkliste Formenbau 220

Dauerform 3
Direktschmelzanlage 79
Doppelbürstkopf 216
Dosieren (Schmelze) 87
Dosiermenge 78
Druckgießen 41
Druckgießverfahren 91
Druckkolben 48

Einfülltrichter 44
Eingießteil 20
Einlegeteil 21, 63
Einrichten Druckgießmaschine 46
Einstellsystem Druckgießmaschine 45
Elektrotaster 102
Entformen 99
Entformungselemente 169
Entformungsrichtung 30
Entgraten 210
Entgratepresse 2
Entgrateroboter 215
Entnahmevorrichtung 39, 191
Etagenbauweise 29
Etagenpreßform 31

Fangkorb 198
Feingießverfahren 4
Fertigungszelle 203

Filmanschnitt 138
Formschieber 180
Formschieberrückführung 182
Formschiebersicherung 181
Formschräge 18
Führungsbolzen 62
Führungsbuchse 62
Füllbüchse 48
Füllgarnitur 61
Füllhöhenerfassung 90
Füllrohr 89

Gegenriegel 94
Gießhals 67
Gießverfahren 3
Granulatbunker 117
Greifer 200

Handformguß 4
Handhabungseinrichtung 191
Handkokille 27
Handpumpe (Einrichten) 61
Heißkanalpunktanguß 131
Heißkanalwerkzeug 140
Heißläuferdüse 123
Heuverssche Kontrollkreise 8
Hilfsauswerfer, pneumatischer 170
Hinterschneidung 12
Hülsenauswerfer 23, 58
Hülsenzahnstange 93

Induktionsheizung 83
Industrieroboter 1, 214

Kaltkammermaschine 7, 52
Kernkasten 4
Kernkühlung 183
Kernschieber 21, 93
Kernstütze 10
Kernzug 58
Kipptiegel 75
Klappkern 29
Klinkenzug 159
Kokille 26
Kokillenguß 5
Kolbenschnecke 114
Kralle 153
Kühlrohr 183, 185
Kühlwasserkreislauf 183

Linerportal-Fahrwerk 204
Luftbohne 102
Lunkergefahr 8

Magnesiumguß 73
Maskenformguß 4
Masselzuführung 80
Masseumlenkung 132
Masseverteilung 147
Master-Slave-System 215
Mehrfachspritzform 166
Mehrkomponentenverfahren 119
Mehrmaschinenbedienung 201
Multiplikatorkolben 49

Nadelverschlußdüse 132, 143
Näherungssensor 56

Niveaudruckkammer 79

Pick-and-Place-Einheit 197
Plastifiziereinheit 108
Portalfahrwerk 44
Preßform 26, 28
Preßkuchen 193
Punktanguß 129

Querhaupt 45

Rechteckanguß 135
Regenerat 206
Reihenverteilung 147
Rippengestaltung 24
Rückdrucksystem 177
Rückstoßer 95

Sandgießform 3
Säulenführung 62
Scheibenanguß 135
Scherengreifer 207
Schieber 92
Schieberführung 152
Schiebeverschlußdüse 111, 116
Schirmanguß 135
Schleuderguß 5
Schließeinheit 117
Schließsystem 48
Schließzylinder 45
Schmelzesteuerung 86
Schneckenkopf 115
Schneidmühle 206

Schnellkupplung 190
Schöpfeinrichtung 76
Schrägausstoßer 174
Schrägbolzen 101
Schrägsäulenzug 92
Schrägschieber 92, 179
Serienkühlung 184
Siebeinsatz 88
Spreizhülse 179
Sprengkraft 54
Spritzdüse 111
Sprühvorrichtung 118
Stammform 59
Stangenanguß 137
Stauboden 133
Steiger 102
Steigrohr-Kernkühlung 184
Sternverteilung 147
Symmetrieverteilung 147

Temperaturführung 60, 182
Temperierkreislauf 183, 186
Tiegel 64
Transferanlage (Kerne) 38
Transportsicherung 36
Trennmittel 118
Tunnelanschnitt 133, 164

Überwachung 55
Urformen 1

Verlorene Form 3
Verriegelung 94

Verschlußeinrichtung 86
Verteiler 120
Verteilerkanal 145
Vollformguß 5
Vorkammerdüse 123

Wanne 65
Warmhalteofen 65
Warmhaltetiegel 64
Warmkammermaschine 7
Wenden 214

Zahnstangenzug 30, 100
Zweiweg-Auswerfer 168
Zentralauswerfer 34
Zuhaltekraft 54
Zuteilen (Masseln) 209
Zuteilschieber 40
Zweikomponenten-Spritzgießen 119
Zweimaschinenbedienung 1
Zweiwege-Entformung 163

expert verlag

Dr.-Ing. habil. Stefan Hesse

Praxiswissen Handhabungstechnik in 36 Lektionen

1996, 190 Seiten, 160 Bilder, 93 Literaturstellen, DM 59,--
expertTraining
ISBN 3-8169-1340-7

Die Handhabungstechnik ist eine Querschnittsdisziplin, die sich mit der automatischen Manipulation von Gegenständen im Bereich industrieller Arbeitsplätze befaßt. Ursprünglich in der Massenfertigung geboren, dringt automatisches Handhaben mittlerweile auch in den Bereich der kleinen Stückzahlen vor.

Moderne Fertigungsanlagen sind heute ohne selbsttätigen Werkstückfluß nicht mehr denkbar. Was dabei alles eine Rolle spielt und welche Geräte nach welchen Regeln eingesetzt werden können, das wird im Buch an ausgewählten Beispielen besprochen. Für Selbstlerner sind Testfragen vorgesehen.

Das Buch wendet sich an
- Führungs- und Fachkräfte aus den Bereichen Produktionstechnik und Rationalisierung
- technische Geschäftsführer und Fertigungsleiter, die sich in das Fachgebiet einarbeiten wollen
- Ingenieure, Techniker und Praktiker, die sich mit der betrieblichen Rationalisierung befassen
- Projektplaner sowie FuE-Mitarbeiter, die Fertigungsanlagen entwickeln
- Studenten, Seminarleiter, Teilnehmer von Lehrgängen und Selbstlerner.

Inhalt: Automatisches Handhaben - Werkstückfluß - Balancer - Low-cost-Handling - Qualität und Handhabung - Baukastenmodule - Transportbänder - Prüfoperationen - Magnetelemente - Vibratortechnik-Greifer - Fügehilfen - Werkstückträger - Ordnen von Teilen - Magazine - Vereinzeln - Palettenwechsler - Weitergeben - Brückenbildung im Bunker - Blechteilehandling - Pneumatik in der Handhabetechnik - Roboter - Roboterperipherie - Serviceroboter - Mobile Roboter - Intelligente Roboter.

Der Autor ist selbständig tätig und besitzt ein technisches Büro für Handling und Robotertechnik.

Fordern Sie unsere Fachverzeichnisse an!
Tel. 07159/9265-0, FAX 07159/9265-20
e-mail: expert @ expertverlag.de
Internet: http://www.expertverlag.de

expert verlag GmbH · Postfach 2020 · D-71268 Renningen